混沌伪随机序列及其应用研究

韦鹏程　杨华千　黄思行　著

科学出版社

北京

内 容 简 介

本书主要研究混沌伪随机序列的性能及其在保密通信中的应用，主要包括：伪随机序列理论研究、混沌伪随机序列发生器的设计与分析，混沌伪随机序列应用于序列密码、Hash 函数、*S* 盒构造、秘钥交换和保密通信，这将有助于丰富现代密码学的内容，促进信息安全技术的发展，为信息安全系统的设计提供更多的思路和手段。

本书既可以作为高校信息安全专业高年级学生的教学参考用书，也可供信息安全研究人员或者相关从业人参考使用。

图书在版编目(CIP)数据

混沌伪随机序列及其应用研究 / 韦鹏程，杨华千，黄思行著. — 北京：科学出版社, 2019.5

ISBN 978-7-03-061043-0

Ⅰ.①混… Ⅱ.①韦… ②杨… ③黄… Ⅲ.①混沌-研究 ②PN 码-研究 Ⅳ. ①O415.5②O157.4

中国版本图书馆 CIP 数据核字（2019）第 071602 号

责任编辑：莫永国 孟 锐 / 责任校对：彭 映

责任印制：罗 科 / 封面设计：墨创文化

科学出版社出版

北京东黄城根北街16 号

邮政编码：100717

http://www.sciencep.com

四川锦瑞印刷有限责任公司印刷

科学出版社发行 各地新华书店经销

*

2019 年 5 月第 一 版 开本：B5（720×1000）

2019 年 5 月第一次印刷 印张：9

字数：280 000

定价：95.00 元

（如有印装质量问题，我社负责调换）

前　言

混沌同步现象发现于二十世纪九十年代初期。由于混沌对初值极端敏感，人们一度认为混沌的同步不可能，但 Pecora 和 Carrol 在专门设计的电子学实验线路中实现了两个混沌系统的同步。混沌同步随后成功应用于保密通信，混沌同步理论及其应用研究引起了全球混沌研究者广泛的关注，利用混沌同步和超混沌实现保密通信已成为近年来竞争最为激烈的混沌应用研究领域。在有关混沌和超混沌同步方法研究的文献中，几乎都涉及利用混沌同步实现保密通信的问题。目前，国际上各种混沌同步通信的实验电路竞相研制，新的混沌系统、有效的信号处理等通信技术不断涌现。

混沌同步方法研究之所以能成为当前学术界的一个研究热点，最主要的原因在于它是实现混沌通信的关键所在。目前很多混沌同步方法还存在许多理论上不能解决、实际上也无法应用的问题，有待于学者们进一步去探索和研究。混沌的同步控制仍然是一个很新的科学前沿，也是当前的一个研究热点。

本书主要致力于混沌伪随机序列发生器的设计与实现研究，并把混沌伪随机序列应用于序列密码、Hash 函数、S 盒构造和保密通信等密码技术中。本书的主要研究内容及创新之处有以下方面。

(1) 从多个方面对混沌理论基础作详细的论述。给出混沌的定义，描述混沌运动的特征，并介绍各种常见的混沌模型和混沌研究所需的判据与准则。

(2) 介绍随机序列的相关理论，对目前信息安全中使用的随机序列发生器进行分析、归纳和总结，提出它们存在的问题：序列不够长、可以预测、产生的序列质量较差、速度较低、使用不方便等。

(3) 对区间数目参数化分段线性混沌映射(SNP-PLCM)的密码学特性进行详细分析，并以此为基础，提出一种基于区间数目参数化分段线性混沌映射的伪随机序列发生器。该发生器同时利用控制参数扰动策略和输出序列扰动策略避免数字化混沌系统的动力学特性退化。理论分析和仿真实验结果表明，该算法产生的伪随机序列具有理想的性能。

(4) 混沌伪随机序列应用于 S 盒，提出一种基于混沌序列的可度量动态 S 盒的设计方法。该方法利用区间数目参数化 PLCM 良好的密码特性产生伪随机序列，然后用伪随机序列构造混沌动态 S 盒。数字分析结果表明，所设计的 S 盒具有较高的非线性度和良好的严格雪崩特性。

(5) 提出一种基于混沌动态 S 盒和非线性移位寄存器的快速序列密码算法，该算法利用混沌伪随机序列初始化非线性移位寄存器(NLFSR)、构造非线性移位寄存器的更新函数和混沌动态 S 盒。非线性移位寄存器每循环一次输出 32 比特密钥流。每输出 2^{16} 比特密钥流，混沌 $S_k(\bullet)$ 盒动态更新一次，使得在安全和效率方面有一个比较好的折中点。实验结果表明该方法可以得到独立、均匀和长周期的密钥流序列，同时可以有效地克服混沌序列在有限精度实现时出现短周期和 NLFSR 每循环 1 次输出 1 比特密钥流的低效率问题。

(6) 结合传统的 Hash 函数结构与混沌动态 S 盒，提出一种基于混沌动态 S 盒的带密钥的 Hash 函数，该方法利用混沌动态 S 盒和函数查找表来生成具有混沌特性的 Hash 散列值，与现有的混沌 Hash 函数相比，该方法利用混沌动态 S 盒提高了系统的实时性能。结果表明该算法不仅具有很好的单向性、初值和密钥敏感性，而且实行的速度快，易于实现。

(7) 提出一种基于分段映射的保密通信算法。算法中使用两个混沌系统，运用一个混沌系统所输出的混沌符号序列跟踪预定的要传输的信息符号序列；运用从另一个混沌系统中所提供的二进制序列，采用混沌掩码技术对要传输的信息进行加密。理论分析和实验结果表明，该算法运算速度快、容易实现且安全性高，具有很强的实用价值。

(8) 推导出一种新颖的可置换有理函数，并分析该函数的代数特性，提出应用于公钥密码系统和密钥交换算法的定理，以及基于可置换有理函数的公钥密码算法和密钥交换算法。公钥密码系统的安全性是建立在整数因式分解问题的难驾驭性的基础上，而密钥交换的安全性则依靠推求 $F_n(x) (\bmod p)$ 中的 n，这里 $F_n(x) (\bmod p)$ 是一个可置换有理函数。

(9) 将 Chebyshev 多项式结合模运算，将其定义在实数域上进行扩展，经过理论论证和数据分析，总结出实数域多项式应用于公钥密码的一些性质。利用 RSA 公钥算法和 ElGamal 公钥算法的算法结构，提出基于有限域离散 Chebyshev 多项式的公钥密码算法，该算法结构类似于 RSA 算法，其安全性基于大数因式分解的难度或者与 ElGamal 的离散对数难度相当，能够抵抗对于 RSA 的选择密文攻击，并且易于软件实现。

本书最后进行全面总结，并对今后的研究方向进行展望。

本书是由重庆第二师范学院的韦鹏程、杨华千、黄思行三位老师完成，得到了儿童大数据重庆市工程实验室、交互式教育电子重庆市工程技术研究中心、计算机科学与技术重庆市重点学科、计算科学与技术重庆市特色专业和重庆市教育委员会科学技术研究重点项目(KJZD-K201801601)的支持，同时得到了澳大利亚新南威尔士大学陈果教授的指导，在此表示感谢！

目　　录

第1章 绪　　论

1.1 研究背景与课题意义

随着计算机技术、通信技术和信息处理软件的快速发展，互联网得到了飞速的发展和广泛的应用，如网络银行、网上证券、电子商务、电子政务、个人通讯等。与此同时，网络信息安全问题也已成为日益严重的现实问题。在信息时代，由网络信息安全问题引发的损失将会全方位地危及一个国家的政治、军事、经济、文化、社会生活等各方面。网络信息安全问题一直是国际竞争中的敏感问题，也是关系国家主权和国家安全的重要问题。因此研究网络信息安全有着重大的学术与实用意义。

网络信息安全一般是指网络信息的保密性(confidentiality)、完整性(integrity)、可用性(availability)、真实性(authenticity)、使用性(utility)、占有性(possession)六大方面[1-6]。保密性是指有保密要求的信息不会被未授权的第三方非法获取；完整性是指信息原有的内容、形式、流向不能被未授权的第三方修改；可用性是指不因系统故障或其他原因使信息资源失效、丢失，或妨碍对资源的使用，也不能使有严格时间要求的服务得不到及时响应；真实性是保障信息和系统中实体可信的一种特性，主要是指对信息完整性、系统实体的确认；使用性是指对授权范围内的信息传播和内容具有控制能力；占有性是保障实体对信息的占有权的一种特性。对网络信息的安全性，人们提出了很多不同的特性要求，但保密性、完整性、可用性得到了一致的公认。

网络信息安全技术涉及许多学科，既包含自然科学和技术，又包含社会科学。就技术而言，网络信息安全涉及存取控制技术、验证技术、容错技术、诊断技术、加密技术、防病毒技术、抗干扰技术和防泄露技术等[1-6]。因此它是一个综合性很强的学科，并且其技术、方法和措施，还要根据外界不断变化的威胁和攻击情况而不断变化，这就增加了保证计算机网络与信息系统安全的难度。

在信息安全系统工程中，密码技术是保护信息安全最关键的技术和最基本的手段。正如著名的密码学家 Schneier[7]所说：在密码技术的六个要素，即对称加密、消息验证密码、公开密钥加密、单向散列函数、数字签名方案和随机序列中，随机序列是谈论最少的密码学问题，但没有哪个问题比这个问题更重要。几乎每一个用到密码技术的系统都要用到随机序列，比如密钥管理、众多的密码学协议、数字签名和身份认证等。因此随机序列的重要性不言而喻。但是，优良随机序列的产生一直困扰着密码学研究者，为此，他们付出了各种各样的努力，设计了很多的伪随机序列发生器，在一定程度上满足了应用的需要。但是，所有的随机序列发生器都是通过一个确定性的算法迭代产生的，这样就不可避免地具有周期性和可预测性，很容易被密码分析者攻击，在信息技术越来越发达的今天，这已经远远不能满足密码学发展的需求。近年来，混沌理论的发展，给随机序列发生器的设计带来了更广阔的发展前景，产生了基于混沌的对初始条件敏感的随机序列发生器，极大地改善了所产生的随机序列的性质，在一定程度上满足了工程应用的需要[7]。

现代密码技术离不开伪随机序列，特别是序列密码，其安全性主要依赖于密钥流的随机性。因此，在信息技术越来越发达的今天，随着电子商务等网络业务的开展，怎么样使我们使用的伪随机序列更加安全也就显得越来越重要。因此，如何设计和优选具有优良保密特性的伪随机序列已成为序列密码研究的关键问题之一。

混沌理论自 20 世纪 60 年代以后快速发展起来，并最终在 70 年代得到了基本确立。混沌理论是研究特殊的复杂动力学系统的理论，混沌和密码学之间所具有的天然联系和结构上的某种相似性，启示人们把混沌理论应用于密码学领域。自从揭示出混沌理论与密码学的密切关系后，混沌这一具有潜在密码学应用价值的理论逐渐得到了国内外众多研究者的极大重视[6-10]。混沌系统的动力学行为极其复杂，难以重构和预测。一般的混沌系统都具有如下基本特性：确定性、对初始条件的敏感性、混合性、快速衰减的自相关性、长期不可预测性和伪随机性。而混沌系统所具有的这些基本特性恰好同密码学的基本要求相一致。密码学的两条基本原则混淆(confusion)和扩散(diffusion)在混沌系统中都可以找到相应的基本特性：遍历性(ergodicity)、混合性(mixing)，以及对初值和参数的敏感性等[7-10]。混沌系统的确定性保证了通信双方加密和解密的一致性；只要对混沌映射的基本特性加以正确的利用，通过易于实现的简单方法就能获得具有很高安全性的加密系统。另外，近几十年来非线性系统的研究成果为加密变换的密码学分析提供了坚实的理论基础，使得混沌加密系统的方案设计和安全分析能从理论上得到有效保证。

这些年虽然混沌密码学的研究取得了许多可喜的进展，但仍存在一些重要的基本问题尚待解决。在我国，信息安全研究起步较晚，投入少，研究力量分散，与技术先进的国家有差距，特别是在系统安全和安全协议方面的工作与国外差距更大，在我国研究和建立新型安全理论和系列算法，仍然是一项艰巨的任务。设计具有自主知识产权的新型高性能的混沌密码体制是当前亟待解决的重要问题。

本书主要致力于混沌伪随机序列发生器的设计与实现研究，并把混沌伪随机序列应用于序列密码、Hash 函数、S 盒构造和保密通信等密码技术中。这些算法中不但运用了数学和信息论知识，还引入了传统流密码学的研究成果，从而进行深入的安全与稳定性分析和算法改进。这将有助于丰富现代密码学的内容，促进信息安全技术的发展，为信息安全系统的设计提供更多的思路和手段，既有理论指导意义，也有实用价值。

1.2　主要研究内容及成果

混沌伪随机序列及其在信息安全领域中的应用是相当广泛的，本书的工作仅涉及其中的一部分，主要包括以下几个方面：

(1) 从多个方面对混沌理论基础作详细的阐述。给出混沌的定义，描述混沌运动的特征，并介绍几种常见的混沌模型和混沌研究所需的判据与准则。

(2) 简单介绍伪随机序列发生器的数学定义、发展历程。详细论述伪随机序列的性能指标、检测规则和检测方法，并从理论上证明混沌系统构造伪随机序列发生器的可行性。

(3) 对区间数目参数化分段线性混沌映射 (SNP-PLCM) 的密码学特性进行详细分析，并以此为基础，提出一种基于区间数目参数化分段线性混沌映射的伪随机序列发生器。该发生器同时利用控制参数扰动策略和输出序列扰动策略避免数字化混沌系统的动力学特性退化。理论分析和仿真实验结果表明，该算法产生的伪随机序列具有理想的性能。

(4) 将混沌伪随机序列应用于 S 盒，提出一种基于混沌序列的可度量动态 S 盒的设计方法。该方法利用区间数目参数化 PLCM 良好的密码特性产生伪随机序列，然后用伪随机序列构造混沌动态 S 盒。数值分析结果表明，所设计的 S 盒有很高的非线性度和良好的严格雪崩特性。

(5) 提出一种基于混沌动态 S 盒和非线性移位寄存器的快速序列密码算法，该算法利用混沌伪随机序列初始化非线性移位寄存器 (NFSR)、构造非线性移位寄存器的更新函数和混沌动态 S 盒。非线性移位寄存器每循环一次输出 32 比特密钥流。每输出 2^{16} 比特密钥流，混沌 $S_k(\cdot)$ 盒动态更新一次，使得在安全和效率方面有一个比较好的折中点。实验结果表明该方法可以得到独立、均匀和长周期的密钥流序列，同时可以有效地克服混沌序列在有限精度实现时出现短周期和 NLFSR 每循环 1 次输出 1 比特密钥流的低效率问题。

(6) 结合传统的 Hash 函数结构与混沌动态 S 盒，提出一种基于混沌动态 S 盒的带密钥的 Hash 函数，该方法利用混沌动态 S 盒和函数查找表生成具有混沌特性的 Hash 散列值，与现有的混沌 Hash 函数相比，该方法利用混沌动态盒提高了系统的实时性能。结果表明该算法不仅具有很好的单向性、初值和密钥敏感性，而且实行的速度快，易于实现。

(7) 提出一种基于分段映射的保密通信算法。算法中使用两个混沌系统，运用一个混沌系统所输出的混沌符号序列跟踪预定的要传输的信息符号序列；运用另一个混沌系统所提供的二进制序列，采用混沌掩码技术对要传输的信息进行加密。理论分析和实验结果表明，该算法运算速度快、容易实现且安全性高，具有很强的实用价值。

(8) 推导出一种新颖的可置换有理函数，并分析该函数的代数特性，提出应用于公钥密码系统和密钥交换算法的定理，以及基于可置换有理函数的公钥密码算法和密钥交换算法。公钥密码系统的安全性是建立在整数因式分解问题的难驾驭性的基础上，而密钥交换的安全性则依靠推求 $F_n(x)(\mathrm{mod}\,p)$ 中的 n，这里 $F_n(x)(\mathrm{mod}\,p)$ 是一个可置换有理函数。

(9) 将 Chebyshev 多项式结合模运算，将其定义在实数域上进行扩展，经过理论论证和数据分析，总结出实数域多项式应用于公钥密码的一些性质。利用 RSA 公钥算法和 ElGamal 公钥算法的算法结构，提出基于有限域离散 Chebyshev 多项式的公钥密码算法，该算法结构类似于 RSA 算法，其安全性基于大数因式分解的难度或者与 ElGamal 的离散对数难度相当，能够抵抗对于 RSA 的选择密文攻击，并且易于软件实现。

本书最后进行全面总结，并对今后的研究方向进行展望。

1.3 本书组织结构

本书主要的章节内容安排如下：

第 1 章，简单介绍本书的研究背景、课题意义和主要的研究内容及成果。

第 2 章，从多个方面对混沌理论基础作详细的论述：首先指出混沌现象的普遍存在性，回顾混沌理论的研究历史，然后给出混沌的定义，描述混沌运动的特征，并介绍混沌研究所需的判据与准则，包括：Poincare 截面法、功率谱分析法、Lyapunov 指数法、分维数分析法、Kolmogorov 熵法等，接着将分散在全书中的各种常见的混沌模型集中地加以介绍，最后简要概括混沌理论的广阔应用前景。

第 3 章，首先简单概述伪随机序列发生器的数学定义、发展历程，然后详细论述伪随机序列性能指标、检验规则和检验方法，最后从理论上证明混沌系统构造伪随机序列发生器的可行性。

第 4 章，对区间数目参数化分段线性混沌映射(SNP-PLCM)的密码学特性进行详细分析，并以此为基础，提出一种基于区间数目参数化分段线性混沌映射的伪随机序列发生器。该发生器同时利用控制参数扰动策略和输出序列扰动策略避免数字化混沌系统的动力学特性退化。理论分析和仿真实验结果表明，该算法产生的伪随机序列具有理想的性能。

第 5 章，提出一种基于混沌动态 S 盒和非线性移位寄存器的快速序列密码算法，该算法利用混沌伪随机序列初始化非线性移位寄存器(NFSR)、构造非线性移位寄存器的更新函数和混沌动态 S 盒。非线性移位寄存器每循环一次输出 32 比特密钥流。每输出 2^{16} 比特密钥流，混沌 $S_k(\cdot)$ 盒动态更新一次，使得在安全和效率方面有一个比较好的折中点。实验结果表明该方法可以得到独立、均匀和长周期的密钥流序列，同时可以有效地克服混沌序列在有限精度实现时出现短周期和 NLFSR 每循环 1 次输出 1 比特密钥流的低效率问题。

第 6 章，结合传统的 Hash 函数结构与混沌动态 S 盒，提出一种基于混沌动态 S 盒的带密钥的 Hash 函数，该方法利用混沌动态 S 盒和函数查找表来生成具有混沌特性的 Hash 散列值，与现有的混沌 Hash 函数相比，该方法利用混沌动态 S 盒提高了系统的实时性能。结果表明该算法不仅具有很好的单向性、初值和密钥敏感性，而且实行的速度快，易于实现。

第 7 章，提出一种基于分段映射的保密通信算法。算法中使用两个混沌系统，运用一个混沌系统所输出的混沌符号序列跟踪预定的要传输的信息符号序列；运用另一个混沌系统所提供的二进制序列，采用混沌掩码技术对要传输的信息进行加密。理论分析和实验结果表明，该算法运算速度快、容易实现且安全性高，具有很强的实用价值。

第 8 章，推导出一种新颖的可置换有理函数，并分析该函数的代数特性，提出应用于公钥密码系统和密钥交换算法的定理，以及基于可置换有理函数的公钥密码算法和密钥交换算法。公钥密码系统的安全性是建立在整数因式分解问题的难驾驭性的基础上，而密钥交换的安全性则依靠推求 $F_n(x)(\bmod p)$ 中的 n ，这里 $F_n(x)(\bmod p)$ 是一个可置换有理函数。

第 9 章，将 Chebyshev 多项式结合模运算，将其定义在实数域上进行扩展，经过理论论证和数据分析，总结出实数域多项式应用于公钥密码的一些性质。利用 RSA 公钥算法和 ElGamal 公钥算法的算法结构，提出基于有限域离散 Chebyshev 多项式的公钥密码算法，该算法结构类似于 RSA 算法，其安全性基于大数因式分解的难度或者与 ElGamal 的离散对数难度相当，能够抵抗对于 RSA 的选择密文攻击，并且易于软件实现。

本书最后进行全面总结，并对今后的混沌密码学的研究前景进行展望。

第2章　混沌理论基础

2.1　混沌研究的历史

1975 年，“混沌”作为一个新的科学名词出现在文献中。混沌现象的发现将长期以来一直争论不休的确定论和概率论两大理论体系有机地结合起来，开创了科学模型化的一个新范例，使人们将许多以往看来是随机的信息现在可用简单的法则加以解释。因此，发现混沌的现实意义在于认识到非线性系统具有内在确定性，尽管可能只有少数几个自由度，却能产生出复杂的、类似随机的输出信号。混沌现象开辟了在众多完全不同的系统中发现规律性的道路，同时也正是混沌把人们引向了探索复杂性的领域，因此，其结果必将引起一场影响不同学科领域的革命。对混沌现象的认识，是现代科学最重要的成就之一。

混沌动力学的发展，正在缩小确定论和概率论这两个对立体系之间的鸿沟。某些完全确定的系统，不外加任何随机因素就可能出现与布朗运动不能区分的行为：“失之毫厘，差之千里”的对初值细微变化的敏感依赖性，使得确定系统的长时间行为必须借助概率论方法进行描述。这就是混沌。

作为一个科学概念，混沌是指一类确定性非线性系统长期动力学行为所表现出的似随机性，是非线性系统的一种往复非周期动力学行为。就目前人们所知，确定性非线性系统在经历暂态过渡过程后可以产生平衡态(或静止状态)、周期态、准周期态及混沌态等四类不同的动力学行为。从长期动力学行为的角度来看，在相空间里，平衡态对应着极限点这种吸引子，而周期态则对应极限环。准周期运动则由有限个周期运动线性叠加而成，这些周期运动的周期中至少有两个周期的比值为无理数，比较典型的准周期态吸引子是环面。混沌运动也是由确定性非线性系统产生的一种运动状态，但它与平衡态、周期态、准周期态不同，它是一种始终局限在一定的有限区域内、运动轨迹永不重复的复杂运动。混沌运动的运动轨迹相当复杂，在运动过程中忽左忽右，看起来毫无规律，这就是所谓的似随机性[9, 10]。

最早对混沌进行研究的是法国数学家庞加莱(H.Poincare)，1913 年他在研究能否从数学上证明太阳系的稳定性问题时，把动力学系统和拓扑学有机地结合起来，并提出三体问题在一定范围内，其解是随机的，实际上这是保守系统中的一种混沌。1927年，丹麦电气工程师van del Pol在研究氖灯张弛振荡器的过程中，发现了一种重要的现象并将它解释为“不规则的噪声”，即所谓van del Pol噪声。二战期间，英国科学家重复了这一实验并开始提出质疑，后来的研究发现van del Pol观察到的不是“噪声”，而是一种混沌现象。1954年，苏联概率论大师柯尔莫哥洛夫(Kolmogorov)，在探索概率起源的过程中，提出了KAM定理的雏形，为早期明确不仅耗散系统有混沌现象而且保守系统也有混沌现象的理论铺平了道路。1963年，麻省理工学院的气象学家洛伦兹(Lorenz)在研究大气环流模型的过程中，提出“决定论非周期流”的观点，讨论了天气预报的困难和大气湍流现象，给出了著名的洛伦兹方程。这是第一个在耗散系统中由一个确定的方程导出混沌解的实例，从此以后，关于混沌理论的研究正式揭开了序幕。1964年，法国天文学家Henon发现，一个自由度为2的不可积的保守的哈密顿系统，当能量渐高时其运动轨道在相空间中的分布越来越无规律，并给出了Henon映射。1971年，法国物理学家Ruelle和荷兰数学家Takens首次用混沌来解释湍流发生的机理，并为耗散系统引入了“奇怪吸引子”的概念。1975年，美籍华人学者李天岩(T.Y.Li)和他的导师美国数学家J.A.Yorke发表《周期3意味着混沌》一文，首次使用“混沌”这个名词，并为后来的学者所接受。1976年，美国数学生态学家R.May在文章《具有极复杂动力学的简单数学模型》中详细描述了Logistic映射$x_{n+1}=\mu x_n(1-x_n)$的混沌行为，并指出生态学中一些非常简单的数学模型，可能具有非常复杂的动力学行为。1978年，费根鲍姆(M.Feigenbaum)通过对Logistic模型的深入研究，发现倍周期分岔的参数值呈几何级数收敛，从而提出了Feigenbaum收敛常数δ和标度常数α，它们是和π一样的自然界的普适性常数。但是，费根鲍姆的上述突破性进展开始并未立即被接受，其论文直到三年后才公开发表。费根鲍姆的卓越贡献在于他看到并指出了普适性，真正地用标度变换进行计算，使混沌学的研究从此进入了蓬勃发展的阶段[11-13]。进入20世纪80年代，混沌研究开始由纯理论研究逐渐走向应用研究，越来越多的控制工程、通信、生物医学等工程技术界的学者专家也开始加入这个原本主要是物理学家、数学家们参加的纯理论基础研究领域。20世纪90年代以来，随着非线性科学及混沌理论的发展，混沌科学与其他应用学科相互交错、相互渗透、相互促进、综合发展，其在电子学、信息科学、图像处理等领域都有了广泛的应用，混沌密码学就是其中之一[14-16]。

人们对混沌现象的认识，是非线性科学最重要的成就之一。混沌理论已经发展成为内容丰富、覆盖面广、成就卓著的研究领域，并在现代科学技术中起到了重要作用。混沌科学的倡导者之一，美国海军部官员M.Shlesinger说，“二十世纪科学将永远铭记的只有三件事，那就是相对论、量子力学和混沌”。第一次混沌国际会议主持人之一的物理学家J.Ford则认为，混沌现象的发现是二十世纪继相对论、量子力学问世以来的物理学第三次最大的革命[17]，混沌理论在现代科学中的地位由此可见一斑。

2.2 混沌的数学定义

由于混沌系统的奇异性和复杂性至今尚未被人们彻底了解，因此至今混沌还没有一个统一严格的定义。过去十几年来，人们一直试图寻找一种通用性强、能突出混沌主要特性并为广泛接受的定义。在这一过程中，也涌现出了大量关于混沌的数学定义，其中 Li-Yorke 定理[18]是比较公认的、影响较大的混沌数学定义。虽然定义的方式不同，彼此在逻辑上也不一定等价，但它们在本质上是一致的[19, 20]。

1.Li-Yorke 的混沌定义

区间 I 上的连续自映射 $f(x)$，如果满足下面条件，便可确定它有混沌现象：

(1) f 的周期点的周期无上界。

(2) 闭区间 I 上存在不可数子集 S，满足

① $\forall x, y \in S$，$x \neq y$ 时，$\limsup\limits_{n\to\infty}\left|f^n(x)-f^n(y)\right|>0$；

② $\forall x, y \in S$，$\liminf\limits_{n\to\infty}\left|f^n(x)-f^n(y)\right|=0$；

③ $\forall x \in S$ 和 f 的任意周期点 y，有 $\limsup\limits_{n\to\infty}\left|f^n(x)-f^n(y)\right|>0$。

2.Melnikov 的混沌定义

如果存在稳定流形和不稳定流形且这两种流形横截相交，则必存在混沌。

3.Devaney 的混沌定义

在拓扑意义下，混沌定义为：设 V 是一度量空间，映射 $f: V \to V$，如果满足下面 3 个条件，则称 f 在 V 上是混沌的：

(1) 对初值的敏感依赖性：存在 $\delta>0$，对于任意的 $\varepsilon>0$ 和任意 $x \in V$，在 x 的 ε 邻域内存在 y 和自然数 n，使得 $\mathrm{d}\left[f^n(x), f^n(y)\right]>\delta$。

(2) 拓扑传递性：对于 V 上的任意一对开集 Z，$Y \in V$，存在 $k>0$，使 $f^k(Z)\cap Y \neq \varnothing$。

(3) f 的周期点集在 V 中稠密。

从稳定性角度考虑，混沌轨道是局部不稳定的，“敏感初始条件”就是对混沌轨道的这种不稳定性的描述。对于初值的敏感依赖性，意味着无论 x,y 离得多么近，在 f 的作用下，两者的轨道都可能分开较大的距离，而且在每个点 x 附近都可以找到离它很近而在 f 的作用下最终分道扬镳的点 y 。对这样的 f ，如果用计算机计算它的轨道，任何微小的初始误差，经过若干次迭代以后都将导致计算结果的失效。

拓扑传递性意味着任一点的邻域在 f 的作用下将“遍历”整个度量空间 V ，这说明 f 不可能细分或不能分解为两个在 f 作用下不相互影响的子系统。

上述两条一般说来是随机系统的特征，但第三条——周期点集的稠密性，却又表明系统具有很强的确定性和规律性，绝非一片混乱，而是形似紊乱实则有序，这也正是混沌能够和其他应用学科相结合走向实际应用的前提。

2.3　混沌的主要特性

混沌运动具有通常确定性运动所没有的本质特征，其体现在几何和统计方面有：局部不稳定而整体稳定、无限相似、连续的功率谱、奇怪吸引子、分维、正的 Lyapunov 指数、正的测度熵等。为了与其他复杂现象区别，一般认为混沌应具有以下几个方面的特征，它们之间有着密不可分的内在联系[12, 13, 17]。

(1) 遍历性：混沌运动轨道局限于一个确定的区域——混沌吸引域，混沌轨道经过混沌区域内每一个状态点。

(2) 整体稳定局部不稳定：混沌态与有序态的不同之处在于，它不仅具有整体稳定性，还具有局部不稳定性。稳定性是指系统受到微小的扰动后保持原来状态的属性和能力，一个系统的存在是以结构与性能相对稳定为前提。但是，一个系统要演化，要达到一个新的演化状态又不能稳定性绝对化，而应在整体稳定的前提下允许局部不稳定，这种局部不稳定或失稳正是演化的基础。在混沌运动中这一点表现得十分明显。所谓的局部不稳定是指系统运动的某些方面(如某些维度、熵)的行为强烈地依赖于初始条件。

(3) 对初始条件的敏感依赖性。关于这一点，洛伦兹在一次演讲中生动地指出：一只蝴蝶在巴西煽动翅膀，就有可能在美国的得克萨斯州引起一场风暴。这句话具有深刻的科学内涵和迷人的哲学魅力，它形象地反映了混沌运动的一个重要特征：系统的长期(“长期”的具体含义对不同系统而言可能有较大差别)行为对初始条件的敏感依赖性。初始条件的任何微小变化，经过混沌系统的不断放大，都有可能对其未来的状态造成极其巨大的差别。正所谓“失之毫厘，差以千里”，所以，人们常用“蝴蝶效应”来指混沌系统对初始条件的敏感依赖特性。

(4) 轨道不稳定性及分岔：长时间动力运动的类型在某个参数或某组参数发生变化时也发生变化。这个参数值(或这组参数值)称为分岔点，在分岔点处参数的微小变化会产生不同定性的动力学特性，所以系统在分岔点处是结构不稳定的。

(5) 长期不可预测性：由于混沌系统所具有的轨道的不稳定性和对初始条件的敏感性的特征，因此不可能长期预测将来某一时刻的动力学特性。

(6) 分形结构：耗散系统的有效体积在演化过程中将不断收缩至有限分维内，耗散是一种整体稳定性因素，而轨道又是不稳定的，这就使它在相空间中的形状发生拉伸、扭曲和折叠，形成精细的无穷嵌套的自相似结构。“自相似性”就是说每个局部都是整体的一个缩影，即使取无穷小的部分，还是和整体相似。分维则打破了体系的维数只能取整数的观念，认为体系的维数也可以取分数。混沌状态表现为无限层次的自相似结构。

(7) 普适性：在混沌的转变中出现某种标度不变性，代替通常的空间或时间周期性。所谓普适性，是指在趋向混沌时所表现出来的共同特性，它不依具体的系数以及系统的运动方程而变。普适有两种，即结构的普适性和测度的普适性。前者是指趋向混沌的过程中轨道的分岔情况与定量特性不依赖于该过程的具体内容，而只与它的数学结构有关；后者指同一映像或迭代在不同测度层次之间嵌套结构相同，结构的形态只依赖于非线性函数展开的幂次。

2.4 混沌吸引子的刻画

混沌来自于系统的非线性性质，但是非线性只是产生混沌的必要条件而非充分条件。如何判断给定的一个系统是否具有混沌运动，以及如何用数学语言来说明混沌运动并对它进行定量刻画，是混沌学所研究的重要课题。目前，多采用数值实验来识别动力系统是否存在混沌运动，然后再通过工程实验加以验证。本节归纳并阐述从定量角度刻画混沌运动特征的一些判据与准则[13, 17]。

2.4.1 Lyapunov 指数法

Lyapunov 指数 λ 可以表征系统运动的特征，它沿某一方向取值的正负和大小，表示长时间系统在吸引子中相邻轨道沿该方向平均发散($\lambda_i > 0$)或收敛($\lambda_i < 0$)的快慢程度。因此，最大 Lyapunov 指数 λ_{max} 决定轨道覆盖整个吸引子的快慢，最小 Lyapunov 指数 λ_{min} 则决定轨道收敛的快慢，而所有 Lyapunov 指数 λ

之和$\sum \lambda_i$可以认为是大体上表征轨道平均发散的快慢。任何吸引子必定有一个 Lyapunov 指数λ是负的；而对于混沌，必定有一个正的 Lyapunov 指数λ。因此，人们只要在计算中得知吸引子中有一个正的 Lyapunov 指数，即使不知道它的具体大小，也可以马上判定它是奇怪吸引子，而运动是混沌的。

对于混沌动力系统，λ的大小与系统的混沌程度有关，假设系统从相空间中某半径足够小的超球开始演变，则第i个 Lyapunov 指数定义为

$$\lambda_i = \lim_{t\to\infty} \log\left[r_i(t)/r_i(0)\right], \tag{2.1}$$

式中，$r_i(t)$为t时刻按长度排在第i位的椭圆轴的长度；$r_i(0)$为初始球的半径。换言之，在平均的意义下，随时间的演变，小球的半径会作出如下改变：

$$r(t) \propto r_i(0)\mathrm{e}^{\lambda_i t}. \tag{2.2}$$

下面具体介绍一维混沌系统、差分方程组和微分方程组计算 Lyapunov 指数的方法。

1.一维混沌系统计算 Lyapunov 指数

考虑一维映射：$x_{n+1}=F(x_n)$，假设x_n有偏差$\mathrm{d}x_n$，并导致x_{n+1}偏差$\mathrm{d}x_{n+1}$，则：$x_{n+1}+\mathrm{d}x_{n+1}=F(x_n+\mathrm{d}x_n)\approx F(x_n)+\mathrm{d}x_n\cdot F'(x_n)$，即：$\mathrm{d}x_{n+1}=\mathrm{d}x_n\cdot F'(x_n)$。

设轨道按指数规律分离，即

$$|\mathrm{d}x_{n+1}|=|\mathrm{d}x_n|\cdot \mathrm{e}^{\lambda}, \tag{2.3}$$

其中，λ为 Lyapunov 指数。为了得到稳定的值，通常要取足够的迭代次数：

$$\mathrm{d}x_n=\mathrm{d}x_{n-1}\cdot F'(x_{n-1})=\mathrm{d}x_{n-2}\cdot F'(x_{n-2})\cdot F'(x_{n-1})=\cdots=\mathrm{d}x_0\prod_{i=0}^{n-1}F'(x_i),$$

因此

$$\lambda=\lim_{n\to\infty}\frac{1}{n}\sum_{i=0}^{n-1}\ln|F'(x_i)|. \tag{2.4}$$

2.差分方程组计算 Lyapunov 指数

设R^n空间上的差分方程：$x_{i+1}=f(x_i)$，f为R^n上的连续可微映射。设$f'(x)$表示f的 Jacobi 矩阵，即

$$f'(x)=\frac{\partial f}{\partial x}=\begin{bmatrix}\frac{\partial f_1}{\partial x_1} & \cdots & \frac{\partial f_1}{\partial x_n}\\ \vdots & & \vdots\\ \frac{\partial f_n}{\partial x_1} & \cdots & \frac{\partial f_n}{\partial x_n}\end{bmatrix},$$

令

$$J_i = f'(x_0) \cdot f'(x_1) \cdots f'(x_{i-1}), \tag{2.5}$$

将 J_i 的 n 个复特征根取模后，依从大到小的顺序排列为

$$|\lambda_1^{(i)}| \geqslant |\lambda_2^{(i)}| \geqslant \cdots \geqslant |\lambda_n^{(i)}|,$$

那么，f 的 Lyapunov 指数定义为

$$\lambda_k = \lim_{i\to\infty} \frac{1}{i} \ln |\lambda_k^{(i)}|, (k = 1, \cdots, n). \tag{2.6}$$

该定义是计算差分方程组的最大 Lyapunov 指数 λ_1 的理论基础。

3.微分方程组计算最大的 Lyapunov 指数

设在由给定微分方程组所确定的相空间中，选取两条相轨迹，起点差距为 d_0，经过时间 τ 后，呈指数分离，差距为 d_τ，即

$$d_\tau = d_0 e^{\tau\lambda}, \tag{2.7}$$

则

$$\lambda = \frac{1}{\tau} \ln \frac{d_\tau}{d_0}, \tag{2.8}$$

定义为 Lyapunov 指数。

数值计算时，从一条参考轨迹上找一个起点，算出相邻相轨迹的 d_0、d_τ，若 d_τ 不按指数增长，另找新起点计算 d_0、d_τ。为避免计算时出现发散，经过时间 τ 后，选取一个新起点，但与参考相轨迹的距离保持为 d_0。这样每次都是从距离为 d_0 的两状态出发，得到一系列 $d_1, d_2, \cdots, d_j, \cdots$ 最后按下式平均，得到最大 Lyapunov 指数：

$$\lambda_{\max} = \lim_{n\to\infty} \frac{1}{n\tau} \sum_{i=1}^{n} \ln \frac{d_i}{d_0}. \tag{2.9}$$

当 d_0 很小，而循环次数 n 极大时，只要 τ 不太大，计算结果就与 τ 的大小无关。利用计算机可以实现这种算法，得到一个可靠的 $\lambda_{\max}$，进而可以判断系统运动是否是混沌的。

2.4.2 Poincare 截面法

Poincare 截面法(Poincare surface of section)是由 Poincare 于十九世纪末提出的，用来对多变量自治系统的运动进行分析。其基本思想是在多维相空间 $(x_1, dx_1/dt, x_2, dx_2/dt, \cdots, x_n, dx_n/dt)$ 中适当选取一截面，在此截面上某一对共轭变量如 $x_1, dx_1/dt$ 取固定值，称此截面为 Poincare 截面。观测运动轨迹与此截面的截

点(Poincare 点)，设它们依次为$P_0,P_1,\cdots,P_n$。原来相空间的连续轨迹在 Poincare 截面上便表现为一些离散点之间的映射$P_{n+1}=TP_n$，由它们可得到关于运动特性的信息。如不考虑初始阶段的暂态过渡过程，只考虑 Poincare 截面的稳态图像，当 Poincare 截面上只有一个不动点和少数离散点时，可判定运动是周期的；当 Poincare 截面上是一封闭曲线时，可判定运动是准周期的；当 Poincare 截面上是成片的密集点，且有层次结构时，可判定运动处于混沌状态。

2.4.3　功率谱分析法

谱分析是研究振动和混沌的一个重要手段。根据 Fourier 分析，任何周期为T的周期运动$x(t)$都可以展成 Fourier 级数，其系数与相应的频率的关系为离散的分离谱，而非周期运动的频率是连续谱。对于随机信号的样本函数$x(t)$的功率谱密度函数定义为

$$S_x(\omega)=\int_{-\infty}^{\infty}R_x(\tau)\mathrm{e}^{-i\omega\tau}\mathrm{d}\tau, \tag{2.10}$$

其中，$R_x(\tau)$为$x(\tau)$的自相关函数，即

$$R_x(\tau)=E\{x(t),E(t+\tau)\}=\lim_{T\to\infty}\frac{1}{T}\int_0^T\tilde{x}(t)\tilde{x}(t+\tau)\mathrm{d}t, \tag{2.11}$$

$$\tilde{x}(t)=x(t)-\lim_{T\to\infty}\int_0^T x(t)\mathrm{d}t, \tag{2.12}$$

式中，τ为采样间隔。

对于周期运动，功率谱只在基频及其倍频处出现尖峰。准周期对应的功率谱在几个不可约的基频以及由它们叠加的频率处出现尖峰。混沌运动的功率谱为连续谱，即出现噪声背景和宽峰。由于$R_x(\tau)$与$S_x(\omega)$互为 Fourier 正、反变换，它表示序列相关程度。因此在规则运动情况下，自相关函数$R_x(\tau)$具有常数数值和周期振荡，在混沌运动情况下，$R_x(\tau)$将指数迅速减到零。

2.4.4　分维数分析法

分形理论是描述混沌信号的另一种手段。分形是没有特征长度但具有一定意义的自相似图形的总称，最初由 Mandelbrot 在研究诸如弯曲的海岸线等不规则曲线时提出，之后人们发现自然界普遍存在分形现象。分形最主要的特性是自相似性，即局部与整体存在某种相似。

混沌的奇怪吸引子具有不同于通常几何形状的无限层次的自相似结构。这种几何结构可用分维来描述，因此可以通过计算奇怪吸引子的空间维数来研究它的几何性质。

除个别奇怪吸引子的维数接近整数外(如 Lorenz 吸引子的分维约为 2.07)，大部分奇怪吸引子都具有分数维数。它是表征奇怪吸引子这种具有自相似结构特征的指标之一。分维定义很多，常有以下几种：

(1) Hausdorff 维数：它可以用来描述空间、集合以及吸引子的几何性质。n 维空间中的子集的 Hausdorff 维数定义为

$$d_h = \lim_{a \to 0} \frac{\ln N(a)}{\ln(1/a)}, \tag{2.13}$$

其中，$N(a)$ 是覆盖集合 S 所需边长为 a 的 n 维超立方体的最小数目。Hausdorff 维数的计算一般相当困难，因此其理论意义远大于实际意义。

(2) 盒维数：是应用最广泛的维数概念之一，因为这种维数的数学计算及经验估计相对容易些。设 S 是 n 维空间中的任意非空有界子集，对每一 $r \to 0$，$N(s,r)$ 表示用来覆盖 S 的半径为 r 的最小闭球数，若 $\lim\limits_{r \to 0} \dfrac{\ln N(S,r)}{\ln(1/r)}$ 存在，则 S 的盒维数为

$$d_b = \lim_{r \to 0} \frac{\ln N(S,r)}{\ln(1/r)}. \tag{2.14}$$

盒维数有许多等价的定义，主要区别在于盒子的选取上，式中的盒子选择为闭球，其实根据实际情况可以选择盒子为线段、正方形或立方体。

盒维数特别适合于科学计算，用数值计算的方法求出 Logistic 映射 $x_{n+1} = 3.57x_n(1 - x_n)$ 吸引子的盒维数大约为 0.75(选 $r = 3 \times 10^{-6}$)。

(3) Lyapunov 维数：从几何直观考虑，具有正 Lyapunov 指数和负 Lyapunov 指数的方向都对奇异吸引子起作用，而负 Lyapunov 指数对应的收缩方向，在抵消膨胀方向的作用后，提供吸引子维数的非整数部分。因此，将负 Lyapunov 指数从最大的 λ_1 开始，把后继的 Lyapunov 指数一个个加起来。若加到 λ_K 时，$\sum\limits_{i=1}^{k} \lambda_i$ 为正数，而加到下一个 λ_{K+1} 后，$\sum\limits_{i=1}^{k} \lambda_i$ 成为负数，则可以用线性插值来确定维数的非整数部分。吸引子的 Lyapunov 指数定义为

$$d_L = K + \frac{1}{\lambda_{K+1}} \sum_{i=1}^{k} \lambda_i, \tag{2.15}$$

其中，k 为使 $\sum\limits_{i=1}^{k} \lambda_i > 0$ 成立的最大整数。

Lyapunov 维数对描述混沌吸引子非常有用，对 n 维相空间来说有以下结论：

定常吸引子：$\lambda_1 < 0, \lambda_2 < 0, \cdots, \lambda_n < 0$，此时 Lyapunov 维数为 0，对应于平衡点(不动点)。

周期吸引子：$\lambda_1 = 0, \lambda_2 < 0, \lambda_3 < 0, \cdots, \lambda_n < 0$，此时 Lyapunov 维数为 1，对应于

极限环(周期点)。

准周期吸引子：$\lambda_1=0,\lambda_2=0,\cdots,\lambda_k=0,\lambda_{k+1}<0,\cdots,\lambda_n<0$，此时 Lyapunov 维数为 k，对应于环面(准周期吸引子)。

混沌吸引子：有 $0<k<n$ 且 $S_k<-\lambda_{k+1}=|\lambda_{k+1}|$，此时 Lyapunov 维数总是分数（$k<d_L<k+1$）。

2.4.5　测度熵法

从信息理论角度来看，运动的熵可用于混沌程度的识别及整体度量。混沌运动的初态敏感性，使得相空间中相邻的相轨迹以指数速率分离，初始条件包含的信息会在混沌运动过程中逐渐丢失。另一方面，如果两个初始条件充分靠近且不能靠测量来区分，随着时间的演化，它们之间的距离按指数速率增大，使这两条开始被认为“相同的”轨迹最终能区分开来。从这个意义上，混沌运动产生信息。将所有时间的信息产生率做指数平均，即得到 Kolmogorov 熵，又称测度熵，简称 K 熵或者熵。

考虑一个 n 维动力系统，将它的相空间分割为一个个边长为 ε 的 n 维立方体盒子，对于状态空间的一个吸引子和一条落在吸引域中的轨道 $x(t)$，取时间间隔为一个很小量 τ，令 $P(i_0,i_1,\cdots,i_d)$ 表示起始时刻系统轨道在第 i_0 格子中，$t=1$ 时在第 i_1 个格子中，……，$t=d$ 时在第 i_d 个格子中的联合概率，则 Kolmogorov 熵定义为

$$K=-\lim_{\tau\to 0}\lim_{\varepsilon\to 0}\lim_{d\to 0}\frac{1}{\mathrm{d}\tau}\sum_{i_0,\cdots,i_d}P(i_0,i_1,\cdots,i_d)\ln P(i_0,i_1,\cdots,i_d). \tag{2.16}$$

由 K 熵的取值可以判断系统无规则运动的程度。对于确定性系统规则运动(包括不动点、极限环、环面)，其 K 熵为 0；对于随机运动，其 K 熵趋于无穷；当 K 熵为一正数时则为混沌运动，且 K 熵值越大，混沌程度越严重。

2.5　常见的混沌系统

混沌学的发展是建立在对具体的混沌系统的研究上，如果没有著名的洛伦兹方程和虫口模型，就不会有混沌学今天的辉煌。同样混沌的应用研究也离不开具体的混沌系统，下面将对本书研究的混沌加密领域中涉及的多种典型混沌系统进行简单的介绍。

2.5.1 离散混沌系统模型

1.帐篷映射

这是一类最简单的动力学模型，其名称来源于它的图形形状，又被称为人字映射。标准帐篷映射的方程为

$$x_{n+1}=\begin{cases}2x_n, & 0\leqslant x_n<0.5,\\ 2(1-x_n), & 0.5\leqslant x_n<1,\end{cases} \tag{2.17}$$

其图形如图 2.1 所示。

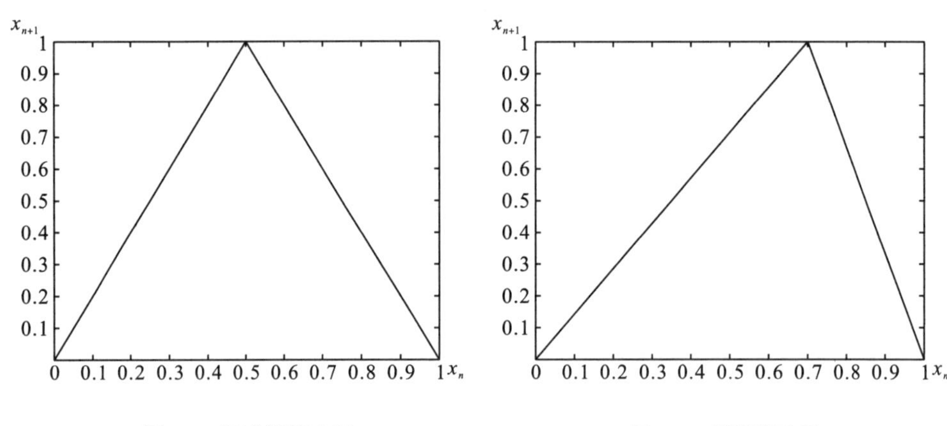

图 2.1 标准帐篷映射

图 2.2 斜帐篷映射

一种常见的变形方式是通过引入参数 a 得到所谓的斜帐篷映射，此时方程变为

$$x_{n+1}=\begin{cases}x_n/a, & 0\leqslant x_n<0.5,\\ (1-x_n)/(1-a), & 0.5\leqslant x_n<1,\end{cases} \tag{2.18}$$

其图形如图 2.2 所示。a 的值决定了图中帐篷顶点的位置，当 $a=0.5$ 时顶点在中间，就是标准帐篷映射。

进一步推广，可以得出一类分段线性映射，其方程为

$$X(t+1)=F_P\left[X(t)\right]=\begin{cases}X(t)/P, & 0\leqslant X(t)<P,\\ \left[X(t)-P\right]/(0.5-P), & P\leqslant X(t)<0.5,\\ \left[1-X(t)-P\right]/(0.5-P), & 0.5\leqslant X(t)<1-P,\\ \left[1-X(t)\right]/P, & 1-P\leqslant X(t)\leqslant 1,\end{cases} \tag{2.19}$$

其图形如图 2.3 所示。

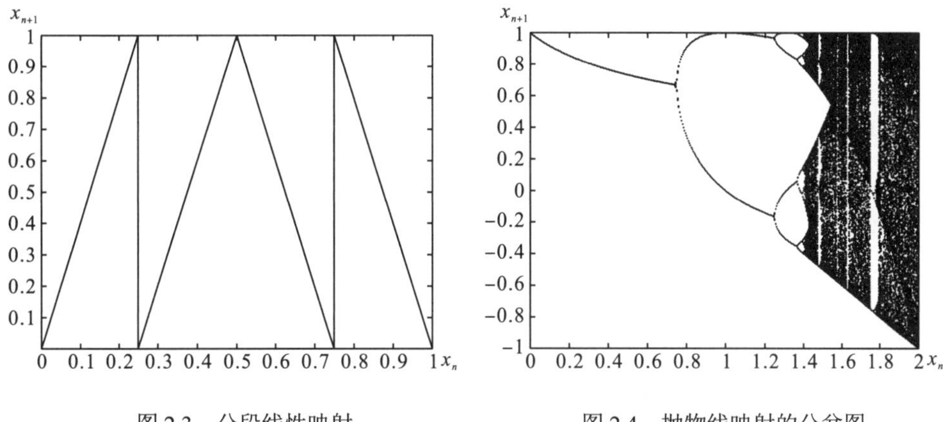

图 2.3　分段线性映射　　　　图 2.4　抛物线映射的分岔图

2.抛物线映射

抛物线映射是一类混沌映射的统称，通常所说的虫口模型和 Logistic 映射都属于抛物线映射。它的标准写法有

$$x_{n+1} = \lambda x_x(1-x_n),\ \lambda \in (0,4), x_n \in [0,1], \tag{2.20}$$

或者

$$x_{n+1} = 1-\mu x_n^2,\ \mu \in (0,2), x_n \in [-1,1].$$

图 2.4 是它的分岔图。虽然它是一维区间映射，却能产生复杂的混沌行为，且研究比较方便，所以在很多文献中常常会用到它。

除了以上几种常见的一维映射方程，还有一些二维的映射也很常用。

3.Henon 映射

Henon 映射的方程为

$$\begin{cases} x_{n+1} = -px_n^2 + y_n + 1, \\ y_{n+1} = qx_n. \end{cases} \tag{2.21}$$

当 $p=1.4, q=0.3$ 时，系统可产生混沌现象，图 2.5 为 Henon 映射的吸引子。

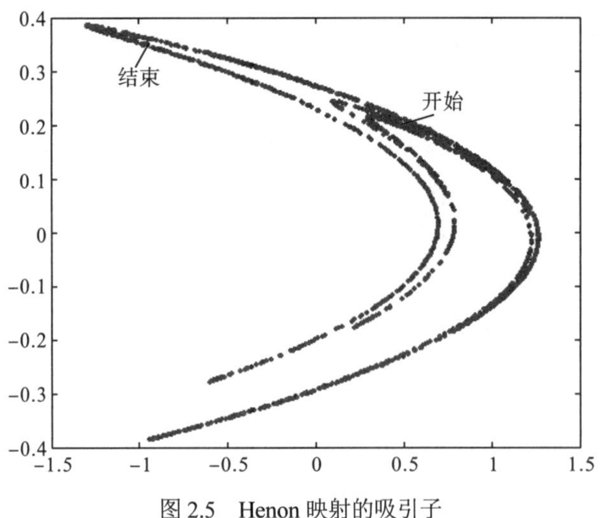

图 2.5　Henon 映射的吸引子

4.Arnold 映射(猫映射)

Arnold 的方程定义为

$$\begin{cases}(x_n+y_n)\bmod 1,\\(x_n+2y_n)\bmod 1.\end{cases}$$

为了方便应用，更习惯于把它写成矩阵形式：

$$\begin{pmatrix}x_{n+1}\\y_{n+1}\end{pmatrix}=\begin{pmatrix}1&1\\1&2\end{pmatrix}\begin{pmatrix}x_n\\y_n\end{pmatrix}\bmod 1=\boldsymbol{C}\begin{pmatrix}x_n\\y_n\end{pmatrix}\bmod 1, \tag{2.22}$$

其中，$\bmod 1$ 表示只取小数部分，即 $x\bmod 1=x-[x]$，因此 (x_n,y_n) 的相空间被限制在单位正方形 $[0,1]\times[0,1]$ 内。图 2.6 是 Arnold 映射的示意图，从中可以清楚地看到产生混沌运动的两个因素：拉伸(乘以矩阵 $\boldsymbol{C}$ 使 x,y 都变大)和折叠(取模使 x,y 又折回单位矩形内)。

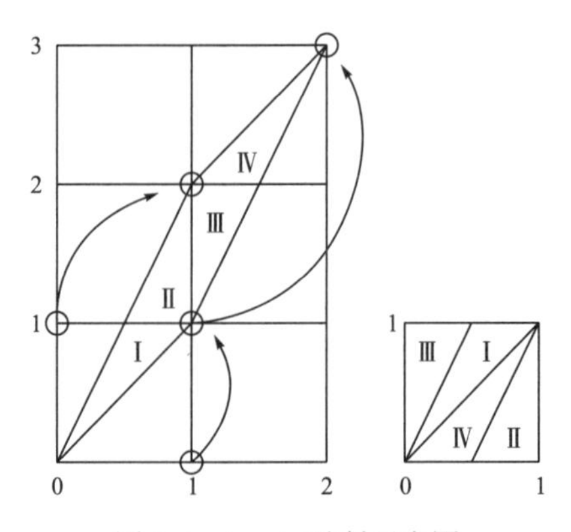

图 2.6　Arnold 映射示意图

2.5.2　连续混沌系统模型

1.Lorenz 系统

1963 年，美国气象学家 Lorenz 得到了第一个表示奇异吸引子的动力学系统：

$$\begin{cases} \dot{x} = -\sigma x + \sigma y, \\ \dot{y} = \rho x - y - xz, \\ \dot{z} = -\beta z + xy. \end{cases} \tag{2.23}$$

当参数取值为 $\sigma = 16, \rho = 45.92, \beta = 4$ 时，Lorenz 系统吸引子及其在坐标面的投影见图 2.7。它的 3 个 Lyapunov 指数分别为：1.497, 0.00, −22.46。

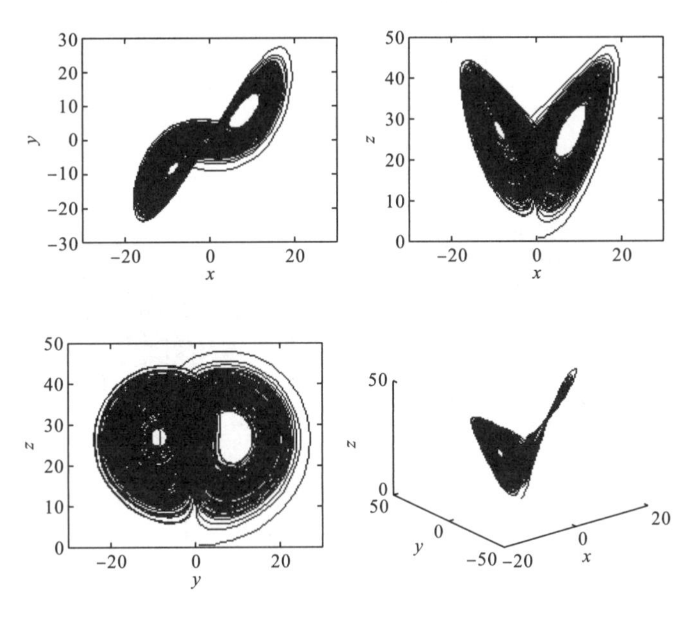

图 2.7　Lorenz 吸引子

2.Chua 电路

Chua 电路是美国加州大学伯克利分校的蔡少棠教授提出的一个典型的混沌电路，在数学上可以写成如下的方程形式：

$$\begin{cases}\dot{x}_1=\alpha\left[x_2-x_1-g(x_1)\right],\\ \dot{x}_2=x_1-x_2+x_3,\\ \dot{x}_3=-\beta x_2,\end{cases} \tag{2.24}$$

其中，$g\left(x_1\right)=bx_1+0.5\left(a-b\right)\left(\left|x_1+1\right|-\left|x_1-1\right|\right)$是一条分段线性曲线。当$\alpha=9.2156$, $\beta=15.9946$, $a=-1.24905, b=-0.75735$时，系统呈现混沌状态，其吸引子形状见图 2.8。需要说明的是，根据非线性项选取的不同，Chua 电路有许多变形。

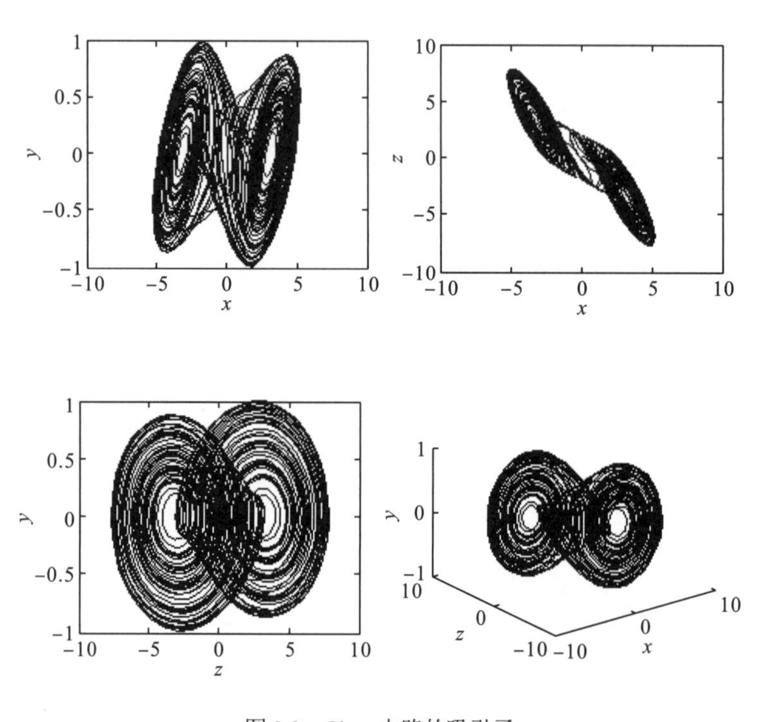

图 2.8 Chua 电路的吸引子

3.Chen 吸引子

Chen 吸引子是陈关荣教授于 1999 年发现的。它也是一个三维常微分系统，但具有比 Lorenz 系统更复杂的动力学行为。Chen 吸引子的方程为

$$\begin{cases}\dot{x}=a\left(y-x\right),\\ \dot{y}=\left(c-a\right)x-xz+cy,\\ \dot{z}=xy-bz.\end{cases} \tag{2.25}$$

当$a=35,b=3,c=28$时，系统的混沌吸引子如图 2.9 所示。

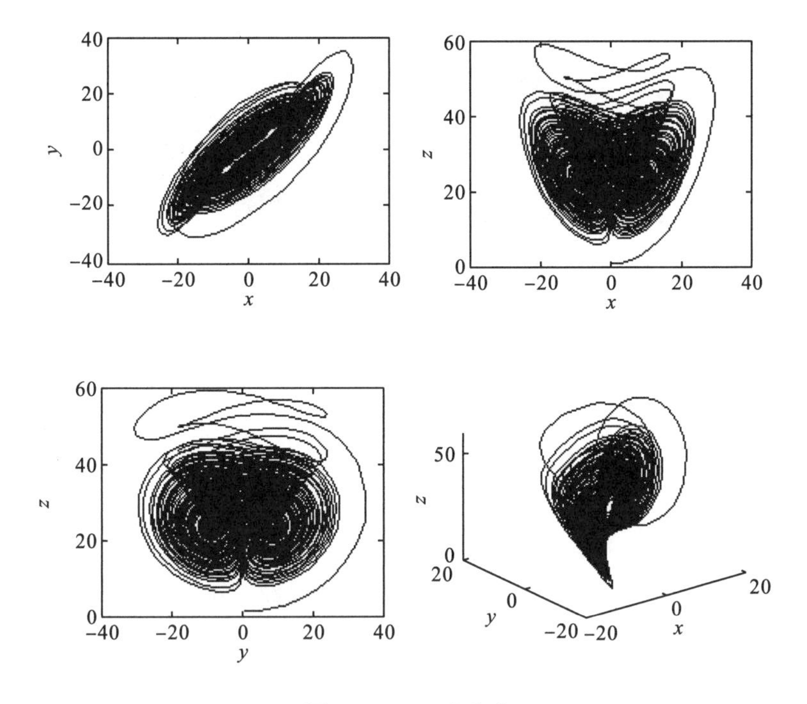

图 2.9　Chen 吸引子

4.Rossler 系统

Rossler 系统也是一个三维常微分方程：

$$\begin{cases} \dot{x}_1 = -ax_2 + ax_3, \\ \dot{x}_2 = bx_1 + cx_2, \\ \dot{x}_3 = -dx_3 + x_1x_2 + e. \end{cases} \tag{2.26}$$

当参数的值分别为 $a=1, b=1, c=0.2, d=5.7, e=0.2$ 时，系统的吸引子见图 2.10。

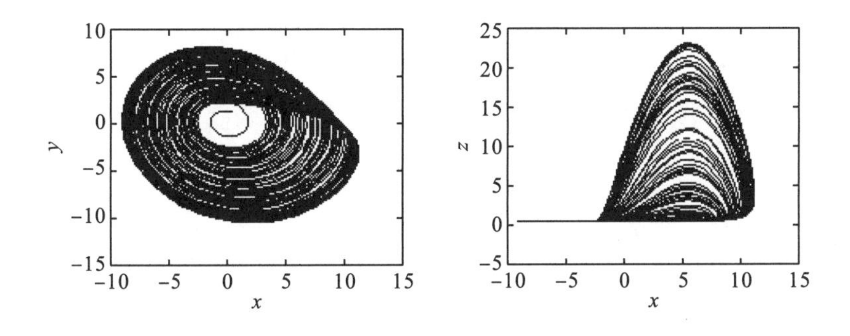

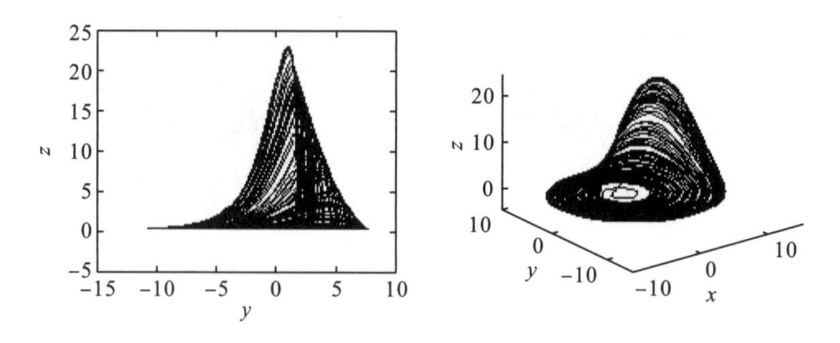

图 2.10 Rossler 吸引子

2.5.3 时滞混沌系统模型

需要注意的是，简单的时滞混沌系统可能具有比常微分方程复杂得多的动力学行为，这是因为时滞系统本质上是一种无穷维系统。本节我们仅简单介绍由廖晓峰教授等提出的一种时滞混沌神经元模型[21]。

考虑如下简单的一阶时滞神经元方程：

$$\dot{x}(t) = -\alpha x(t) + af\left[x(t) - bx(t-\tau) + c\right], \tag{2.27}$$

其中，$f \in C^{(1)}$ 是一个非线性函数，满足 $\sup\left|f'(x)\right| < \infty$；常数 $\tau > 0$ 称为系统时滞；a,b,c 是系统参数。假设式(2.27)具有如下初始条件：

$$x(\theta) = \phi_x(\theta),\ y(\theta) = \phi_y(\theta),\ \theta \in [-\tau, 0], \tag{2.28}$$

其中，ϕ_x, ϕ_y 是区间 $[-\tau, 0]$ 上的实值连续函数。

Gopalsmay 等[22]研究了在 $f(x) = \tan h(x)$ 且 $\alpha = 1$ 的条件下该系统的稳定性。廖晓峰等[21]继续研究了这个模型，讨论了当

$$f(x) = \sum_{i=1}^{2} a_i \left[\tan h(x + k_i) - \tan h(x - k_i)\right] \tag{2.29}$$

时，系统的混沌动力学行为。

文献[23, 24]进一步证明了当

$$f(x) = \sum_{i=1}^{2} a_i \left[\arctan(x + k_i) - \arctan(x - k_i)\right] \tag{2.30}$$

时，选取适当的参数和时滞，系统也具有混沌行为。如取以下参数值：

$$\alpha = 1, a = 3, b = 4.5, c = 0, a_1 = 2, a_2 = -1.5, k_1 = 1, k_2 = \frac{4}{3}, \tag{2.31}$$

系统(2.27)的相图如图 2.11 所示。

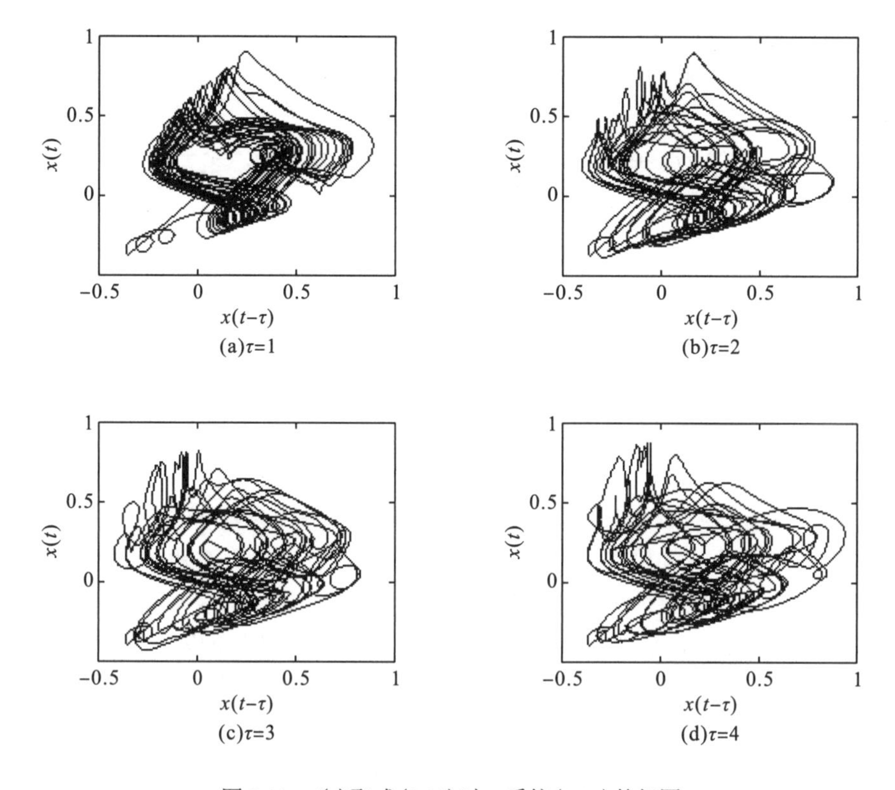

图 2.11　$f(x)$取式(2.29)时，系统(2.27)的相图

2.6　本 章 小 结

本章详细论述了混沌理论基础。首先回顾了混沌理论的研究历史，然后给出了混沌的定义，描述了混沌运动的特征，并介绍了混沌研究所需的判据与准则，包括：Poincare 截面法、功率谱分析法、Lyapunov 指数法、分维数分析法、Kolmogorov 熵法等，最后将分散在全书中的各种常见的混沌模型集中地加以介绍。

第 3 章　伪随机序列理论基础

3.1　引　　言

以密码学为核心的信息安全领域中，随机序列扮演着重要的角色：密钥的生成、数字签名、认证和鉴别以及各种安全通信协议都离不开高质量的随机序列。从某种意义上讲，随机序列的安全性决定了整个安全体系的安全性。密码学领域对随机序列的要求很高，从安全的角度来说，真正意义上的随机序列是最可靠的。真正的随机序列是完全不可预测的，任何一个随机序列都不可能由其他的数推测得到。能否产生真正的随机序列的问题一直都处在激烈的争论中，但可以肯定的是随机序列的产生、复制和控制在实际中都是难以实现的。如果一个序列一方面它的结构是可以预先确定的，并且可以重复地产生和复制；另一方面具有 Golomb 总结的三条随机性假设[25]，便称这种序列为伪随机序列。简单地讲，伪随机序列就是具有某种随机特性的确定序列。

3.2　伪随机序列发展概述

伪随机序列的理论与应用研究大体上可以分成三个阶段[25, 26]：

①纯粹理论研究阶段(1948 年以前)；

②*m*-序列研究的黄金阶段(1948～1969 年)；

③非线性生成器的研究阶段(1969 年～)。

1948 年以前，学者们研究伪随机序列的理论仅仅是因为其优美的数学结构。最早的研究可以追溯到 1894 年，作为一个组合问题来研究所谓的 De Bruijn 序列；20 世纪 30 年代，环上的线性递归序列则成为人们的研究重点。

1948 年 Shannon 信息论诞生后，这种情况得到了改变。伪随机序列已经被广泛地应用在通信以及密码学[27-30]等重要的技术领域。Shannon 证明了“一次一密”是无条件安全的，无条件保密的密码体制要求进行保密通信的密钥量至少与明文量一样大。因此在此后的一段时间内，学者们一直致力于研究具有足够长周期的伪随机序列。如何产生这样的序列是 20 世纪 50 年代早期的研究热点。线性反馈移位寄存器序列(LFSR)是这个时期研究最多的，因为一个 n 级 LFSR 可以产生周期为 2^n-1 的最大长度序列，而且具有满足 Golomb 随机性假设的随机特性，通常称之为 m-序列。这段时期的研究奠定了 LFSR 序列的基本理论。

但是，在 1969 年 Massey 发表了《移位寄存器合成与 BCH 译码》一文[31]，引发了随机序列研究方向的根本性变革，从此伪随机序列的研究进入了构造非线性序列生成器的阶段。Berlekamp-Massey 算法指出：如果序列的线性复杂度为 n，则只需要 $2n$ 个连续比特就可以恢复出全部的序列。从这个结论可以看出，m-序列是一种“极差”的序列，它的线性复杂度太小，因而不能够直接用作流密码系统的密钥流序列。从这里还可以看到仅仅靠 Golomb 的三个随机性假设来评测序列是不够的，还需要其他的一些指标。

直到今天，密码学界的学者们一直在努力寻找构造好的伪随机序列的方法[32-36]。近年来，有许多研究集中在使用混沌系统构造伪随机数发生器和对其性能进行分析[37-42]。对于连续混沌系统而言，很多混沌伪随机序列已经被证明具有优良的统计特性。当前两类主要的生成混沌伪随机数的方法是：①抽取混沌轨道的部分或全部二进制比特[37, 38]；②将混沌系统的定义区间划分为 m 个不相交的子区域，给每个区域标记一个唯一的数字 $0\sim m-1$，通过判断混沌轨道进入哪个区域来生成伪随机数[39, 40]。在大部分基于混沌伪随机数发生器中，使用的只是单个混沌系统。迄今为止，已经有很多不同的混沌系统被采用，如 Logistic 映射、Chebyshev 映射、分段线性混沌映射、分段非线性混沌映射，等等。为了增强安全性，可以考虑使用多个混沌系统或者使用较为复杂的混沌系统。

3.3　伪随机序列定义

3.3.1　随机性的定义

在密码学中，随机性分为真随机和伪随机。Bruce Schneier 在他的密码学著作《应用密码学》中指出：如果一个序列是伪随机的，它应有下面①、②的性质[43]：

①这个序列看起来是随机的，即能通过我们所能找到的所有正确的随机性检验；

②这个序列是不可预测的，也就是说，即使给出产生序列的算法或者硬件设

计和以前产生序列的所有知识，也不可能通过计算来预测下一个随机位是什么。

通常密码学上安全的伪随机序列除了满足以上两个条件之外，还必须有足够长的周期，使得伪随机序列与真随机序列在多项式时间内是不可分的。

从密码学的观点来看，如果一个序列在具有上面①、②两个性质的前提下，还能满足下面的性质，那么这个随机序列就是真随机的。

③这个序列不能重复产生，即使在完全相同的操作条件下用完全相同的输入对序列发生器操作两次，也将得到两个完全不同的、毫不相关的位序列。

加密应用中使用的随机序列和伪随机序列都要求是不可预测的。运用伪随机序列发生器的场合，如果初始种子未知，那么不管是否知道随机序列发生器以前产生的随机序列，下一个将要产生的随机序列都是不可预测的。这种属性就是向前不可预测性。而且，从已经知道的产生的随机序列推算初始种子也是不可行的(即向后不可预测也是要求的)。初始种子和由种子产生的随机序列没有相关性是显然的。如果初始种子和选取的算法已知，那么伪随机序列发生器产生的值将是完全可预测的。既然，在很多应用场合产生随机序列的算法是公开的，那么必然要求初始种子是保密的，并且不可以从已经产生的伪随机序列中获得初始种子。而且，初始种子本身也必须是不可预测的[44]。

3.3.2 伪随机序列发生器的数学定义

随机性有真随机性和伪随机性之分，对应的随机序列发生器也就有真随机序列发生器和伪随机序列发生器之分。伪随机序列发生器是满足 3.3.1 节中①、②的随机序列发生器。它是一种确定性算法，用一个长度为 k 的二进制序列作为输入，算法就能产生长度为 m $(m>k)$ 的随机序列，伪随机序列发生器的输入 k 称为发生器的种子。实际上，伪随机序列发生器产生的随机序列并不是真的随机，且具有周期性，也就是说，其产生的随机序列总会产生重复，不过如果发生器的周期足够长(至少要远远大于可能采集的随机序列的长度)，那么这个随机序列发生器产生的局部随机序列也就和真随机序列看起来没有什么区别了。数学上严格的关于伪随机序列发生器的定义如下[44-46]。

定义 3.3.1 多项式时间不可分性为：由 n 标记总体变量，两个总体为 $X^{\text{def}}=\{X_n\}_{n\in s}$ 和 $Y^{\text{def}}=\{Y_n\}_{n\in s}$，如果对于每一个概率多项式时间算法 D、每一正多项式 $p(\bullet)$ 和所有足够大的 n，都有

$$\left|p_r[D(X_n,1^n)=1-p_r[D(Y_n,1^n)]=1\right|<\frac{1}{p(n)}, \tag{3.1}$$

则称这两个总体在多项式时间内不可分。

定义 3.3.2 伪随机总体定义为：如果存在一个均匀总体 $G:U=\{U_{l(n)}\}_{n\in\mathbf{N}}$，使

得 X 与 U 在多项式时间内是不可分的，则称总体 $X=\{x_n\}_{n\in\mathbf{N}}$ 是伪随机的。

定义 3.3.3　伪随机序列发生器即为满足以下两个条件的确定性多项式时间算法 G：

①扩展性：存在一个函数 $l:\mathbf{N}\to\mathbf{N}$，使得对于所有 $n\in\mathbf{N}$，有 $l(n)>n$，对于所有 $s\in\{0,1\}^n$，有 $\left|G(s)=(|s|)\right|$；

②伪随机性：总体 $\{G(U_n)\}_{n\in\mathbf{N}}$ 是伪随机的。

发生器的输入 s 是它的种子，扩展条件要求算法 G 把 n 比特长的种子映射成 $l(n)$ 比特长的字符串，其中 $l(n)>n$。伪随机性条件要求算法 G 作用于均匀选择的种子，得到的输出分布与均匀分布在多项式时间内是不可分的[46]。

3.4　典型的伪随机序列发生器

通常伪随机序列发生器是通过算法实现的，由于算法确定，伪随机序列发生器不能生成真正的随机序列，伪随机序列发生器生成的序列具有或长或短的周期。当伪随机序列发生器的周期足够长时，产生的序列看起来是随机的，因此称之为伪随机序列。目前，有许多文献讨论如何设计伪随机序列发生器，这些伪随机序列发生器都能够通过多种随机性统计检验。其中常用的伪随机序列发生器有：线性同余发生器、基于二进制存储的伪随机发生器、基于数论的伪随机序列发生器和混沌系统伪随机序列发生器。

3.4.1　线性同余发生器

目前应用最广泛的基于模运算的同余型伪随机序列发生器之一是线性同余发生器，简称 LCG(linear congruence generator)。此发生器利用数论中的同余运算产生[0，1)区间的均匀随机序列，故称为同余发生器[26]。同余发生器的算法为

$$\begin{cases} x_n=(Ax_{n-1}+D)(\bmod M), \\ r_n=x_n/M, \qquad n=(1,2,3,\cdots), \\ \text{seed}\ \ x_0, \end{cases} \tag{3.2}$$

其中，M 为模数，A 为乘数，D 为增量，且 x_n、M、D、A 均为非负整数。显然由式(3.2)得到的 $x_n(n=1,2,\cdots)$ 满足 $0\leqslant x_n<M$，从而 $r_n\in[0,1)$。应用式(3.2)产生均匀随机序列，适当选取参数 x_0、M、D、A 才能得到周期长且随机性好的序列。在式(3.2)中，若 $D=0$，则称相应的算法为乘同余法；若 $D\neq 0$，则称相应的算法为混合同余法。如果我们想通过 LCG 得到二进制的随机序列，我们可以把式(3.2)

改成：

$$\begin{cases} x_n = (Ax_{n-1} + D)(\bmod 2), \\ r_n = x_n / 2, \qquad n = (1,2,3,\cdots), \\ \text{seed } x_0, \end{cases} \tag{3.3}$$

我们就得到了以二进制形式表示的随机序列[47, 48]。

线性同余发生器的优点是：速度快，每次只需要很少的操作，然而，线性同余发生器不能用在密码学中，因为是可预测的。

3.4.2　基于二进制存储的伪随机发生器

定义 3.4.1　设 $f(x_1,x_2,\cdots,x_n)=c_1x_n\oplus c_2x_{n-1}\oplus\cdots\oplus c_nx_1$ 是一个线性函数，$c_i,x_i\in\{0,1\}$，$i=0,1,2,\cdots$，其中的加号表示异或。对于给定的初始状态 $s_0=(a_1,a_2,\cdots,a_n)$，$a_{i+n+1}=f(a_{i+1},a_{i+2},\cdots,a_{i+n})=c_1a_{i+n}+c_2a_{i+n-1}+\cdots+c_na_{i+1},i=0,1,2,\cdots$ 称为一个 n 级线性反馈移位寄存器 n-LFSR(linear feedback shift register)，f 称为反馈函数，$c_1,c_2,\cdots,c_n$ 称为反馈系数。如果 $f(x_1,x_2,\cdots,x_n)=c_1x_n\oplus c_2x_{n-1}\oplus\cdots\oplus c_nx_1$ 不是线性函数，则称该反馈移位寄存器是一个非线性反馈移位寄存器 NLFSR (nonlinear feedback shift register)。

由此可以得到一个输出序列 $a_1,a_2,\cdots,a_{n-1},a_n,\cdots,a_i,\cdots$ 和 $s_1,s_2,\cdots,s_{n-1},s_n,\cdots,s_i,\cdots$，$s_i=(a_i,a_{i+1},\cdots,a_{i+n-1})$，$i=0,1,2,\cdots$。

图 3.1 是 n-LFSR 的示意图，可以看出，一个 n-LFSR 的输出序列的性质完全由其反馈函数决定，一个 n-LFSR 最多可以输出 2^n 个不同状态。而若初始状态全为 0，则不会转入其他状态，所以输出序列最长的周期为 2^n-1，这个最大周期的序列称为 m-序列。

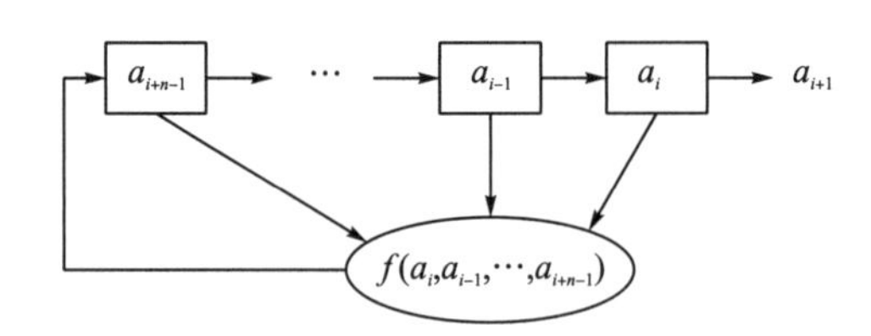

图 3.1　线性反馈移位寄存器

LFSR 本身即是适宜的伪随机序列发生器，能够应用于密码学领域，在加密算法中常常用来作为构造模板。但是它的一些非随机特性如：时序位都是线性的，这使专门在加密时完全没有用处；一个 n 位长的 LFSR 生成的前 n 比特就是 LFSR 的内部初始状态。如果检测到 LFSR 输出连续的 $2n$ 比特，就能够破译 LFSR 的反馈多项式；通过 LFSR 产生的序列具有很高的相关性，对于某些应用类型，它完全不随机[30, 49, 50]。长期以来，人们对这样产生区间(0, 1)上均匀随机序列的方法存在争议，但多被应用者忽视。

3.4.3　基于数论的伪随机序列发生器

与线性同余发生器、线性反馈移位寄存器和其他类型不安全的伪随机序列发生器相比，Blum-Blurn-Shub 发生器，简称 BBS 发生器，已证明是安全的，前提条件是将一个大的数分解为素数形式是困难的。BBS 发生器的主要过程如下[38]。

选取两个大素数 p 和 q ，p 和 q 都满足模 4 同余 3，计算 $n=p\times q$ 。p 和 q 保密，模数 n 可以公开而且可以重复使用，给定一个种子 r_0 ，有如下递推公式：

$$r_k=r_{k-1}^2 \bmod n.$$

计算出序列 $r_1,r_2,\cdots$ 。为了得到一个二进制的伪随机比特序列，我们可以用下面的公式得到：

$$r_k=r_{k-1}^2 \bmod 2.$$

对于长度大于 512 比特的模数 n ，在合理的时间内不存在分解 n 的算法，这也就是说 BBS 发生器是安全的。

3.5　混沌伪随机序列发生器原理

混沌信号是由确定性方程产生的类似随机宽频谱信号，具有优良的相关特性。混沌序列复杂、难以长期预测，并且只需更改系统参数和状态初值即可获得大量的优良序列，因此混沌序列特别适合在保密通信和信息加密领域中应用。

3.5.1　熵及其在随机序列中的应用

在信息论中，熵是一个重要的概念，它是对不确定性的一种度量，可以用熵的一些结果来衡量随机序列的性能。

给定一离散集合 $X=\{x_i,i=1,\cdots,n\}$ ，令 x_i 出现的概率为 $p(x_i)\geqslant 0$ ，且 $\sum_{i=1}^{n}p(x_i)=1$ ，事件 x_i 出现给出的信息量定义为

$$I(x_i)=-\log_a p(x_i). \tag{3.4}$$

它表示事件x_i出现的可能性大小。通常，$a=2$，即采用以 2 为底的对数，相应的信息单位称为比特(bit)。

将集合X中事件出现给出的信息量的平均统计值

$$H(x)=-\sum_{i=1}^{n}p(x_i)\log_2 p(x_i) \tag{3.5}$$

定义为集合X的熵(entropy)。它表示X中出现一个事件平均给出的信息量，或集合X中事件的平均不确定性(average uncertainty)，或为确定集合X出现一个符号必须提供的信息量。

定理 3.5.1 对于任意n个事件的集合X，有

$$0\leqslant H(x)\leqslant \log_2 n. \tag{3.6}$$

该定理表明，均匀分布下集合X的不确定性最大。

我们考虑一个随机数产生器生成一个k比特的随机序列X，这里$0\leqslant i\leqslant 2^i$。对一个好的随机数生成器来说，应使随机序列$X$的平均信息量最大，或者说使$X$中某一序列出现的不确定性最大，在这种情况下，由定理可知，需满足所有可能输出的序列是等概率的，其输出随机序列的熵为k[51]。

3.5.2 基于混沌系统的伪随机序列发生器的可行性[9]

此处我们考虑确定性混沌离散时间动力系统：

$$x_{n+1}=f(x_n),\qquad x\in S\in R^N, \tag{3.7}$$

其中，$f:S\to S$不包含任何随机项，如系统状态的噪声干扰、参数值的随机变化。我们仅研究演化过程确定以及初始条件已知的动力系统。

测量初始状态或者预测将来某一时刻的状态，就是将状态空间划分为有限个区域，并且观察它的宏观状态演化。任何一个覆盖式(3.7)的状态空间S、且彼此之间不相交的m个区间$\beta=\{C_1,\cdots,C_m\}$的集合称为式(3.7)的一个划分，即

$$\beta=\{C_1,\cdots,C_m\},\bigcup_{i=1}^{i=m}C_i=S,C_i\cap C_j=\phi,\ i\neq j, \tag{3.8}$$

当$m=1$时，称之为普通划分。对于划分β，用$B(\beta)$表示β中的区间之间边界的集合。如果允许β的区间重叠，集合β称为S的开覆集。

对于每个$C_i\in\beta$，我们指定一个唯一符号$i=\sigma(C_i)$，$i\in M=\{1,2,\cdots,m\}$。我们用$\psi=\prod_{j=1}^{\infty}M$来表示所有具有无限精度序列$X_1^\infty=X_1,X_2,\cdots,X_j,\cdots$的空间，其中$X_j\in M$。这样我们得到一个映射$\mu_\beta:S\to\psi$，其定义为

$$\mu_\beta(X_1)=X_1^\infty\Leftrightarrow f^{j-1}(X_1)\in C_{X_j}\Leftrightarrow X_1\in\bigcap_j f^{-j+1}(C_{X_j}),\ j\geqslant 1, \tag{3.9}$$

其中，序列 $X_1^\infty \in \psi$ 与 $x_1 \in S$ 中的每一个点相对应，X_j 为时间 j 时产生的符号。因为式(3.7)是混沌的，对于 $C_i \in \beta, f^j(C_j)(j>1)$ 可以扩展到几个区域。对于属于相同区间 C_{X_j} 的不同初始状态，当 $j>1$ 时将产生不同的结果。从测量系统的角度来看，宏观初始条件完全一样，但是演化过程不同。此时，发生了确定性的损失，β 区间之间的转移只能通过概率方法确定。状态空间的划分将确定性混沌系统[式(3.7)]转换成遍历性的信息源，这种信息源可以用信息理论来分析。假设式(3.7)具有单个混沌吸引子，即它的不变测度具有遍历性，所以信息源具有遍历性。对于混合映射而言，信息源是静态的，此时每个初始测量具有遍历不变测度。对于遍历性信息源，其熵为

$$H_n^\beta = -\sum_{X_1^n} p(X_1^n) \log p(X_1^n), \tag{3.10}$$

其中，$p(X_1^n)$ 为轨迹子序列 X_1^n 发生的概率。当预测字长为 n 时，H_n^β 表示平均不确定性。n 个符号已知时，宏观轨迹中第 $n+1$ 个符号的条件熵等于

$$h_n^\beta = H_{n+1|n}^\beta = \begin{cases} H_{n+1}^\beta - H_n^\beta, & n \geqslant 1, \\ H_1^\beta, & n=0. \end{cases} \tag{3.11}$$

对于划分 β，式(3.10)的信息熵可以定义为

$$h^\beta = \lim_{n\to\infty} h_n^\beta = \lim_{n\to\infty} \frac{1}{n} H_n^\beta. \tag{3.12}$$

对于所有可能的划分，式(3.7)的 Kolmogorov 熵是信息源的上界：

$$h_K = \sup h^\beta. \tag{3.13}$$

如果 $h^\beta = h_K$，那么 β 是母划分。对于母划分 β 而言，母划分 β 相应的映射 μ_β 是内射的，即 $x' \neq x'' \Rightarrow \mu_\beta(x') \neq \mu_\beta(x'')$。

通过划分混沌系统的状态空间，将确定性混沌系统变成一个信息源，这与 Shannon 在文献[52]所指出的：确定性系统不能产生信息，不相矛盾。事实上，混沌系统不能产生信息，即当初始条件 $H(x_n|x_1)=0$ 确定时，它的演化完全确定。混沌系统仅仅将有关初始条件的信息转换成对测量系统可见的形式。粗粒轨迹(字母序列)的每个字母给出了有关初始状态一定的信息。为了说明这个问题，对于给定划分 β，我们在 n 时刻定义 β^n，其和以下区间一致：

$$C_{X_1^n} = \{X \in S \,|\, X \in \bigcap_{j=1}^{n} f^{-j+1}(C_{X_j})\},\ X_1^n \in M^n, \tag{3.14}$$

其中，$f^{-j+1}(C_{X_j}) = \{X \in S \,|\, f^{j-1}(X) \in C_{X_j}\}, j=1,\cdots,n$。对于特定的初始条件 X_1，X_1^n 最初 n 个符号在 X_1 所属的区间中。下一个符号 X_{n+1} 带来了有关 X_1 的信息 h_n，并指向 X_1 所属的 β^{n+1} 区间。这个额外的信息通过 $\operatorname{diam}(\beta^{n+1}) < \operatorname{diam}(\beta^n), n>1$ 来表

达，其中对于 β^n 所属的所有区间而言，$\mathrm{diam}(\beta^n)$ 为最大的直径。这表示序列 $\mu_\beta(X_1)$ 中每个新符号 X_{n+1} 明确指定 X_1，具有越来越高的精度。如果 β 是母划分，则有 $\lim\limits_{n\to\infty}\mathrm{diam}(\beta^n)=0$。

所以混沌系统可以作为随机数发生器：在状态空间中找到一个产生离散无记忆信息源的划分 β。在理论上有一些非常简单的混沌映射可以作为随机数发生器[53]。在最简单的混沌映射中，满足这些要求的有：Logistic 映射、Bernouli 映射、Tent 映射等。

从理论上来说，混沌序列是非周期的，长度无限，但在实际应用中，由于有限精度实现限制，序列的周期必是有限的，概率密度亦不完全符合理论分布。我们后面将给出一种基于混沌系统的伪随机序列发生器设计与实现，该伪随机序列发生器得到的序列有更好的相关特性、平衡特性、安全特性，在通信中有着广阔的应用前景。

3.6 伪随机序列性能指标

应该如何判断混沌序列的优劣？主要看其随机性指标是否满足或部分满足一个真随机序列所具有的性质。评价混沌序列随机性的指标主要有：整体随机指标和局部随机指标。

从无条件安全的角度看，伪随机序列的随机性评价指标主要有：周期、平衡性(R1)、游程性质(R2)、自相关函数(R3)及线性复杂度等。

线性复杂度是度量序列随机性的一个最重要的指标，它考虑的是用一个什么样的线性反馈移位寄存器(linear feedback sift register，LFSR)可以重构给定的序列。周期是一个非随机特性，但是周期越大表示序列的可测性就越小。通常称具有长周期、大线性复杂度并且满足性质 R1～R3 的序列为最优伪随机序列[26]。

3.6.1 周期性

设二进制伪随机序列$\{b_i\}$，其中 $b_i\in\{0,1\}$，若存在 $T\in Z^+$，使得对任意 $i\in N$，总有 $b_{i+T}=b_i$ 成立，则称序列$\{b_i\}$是周期序列。满足上述关系的最小 T，称作序列$\{b_i\}$的周期。

若序列$\{b_i\}$除了开始有限项后的其余部分是周期序列，则此序列称为准周期序列。

3.6.2　游程特性

定义 3.6.1　在序列$\{b_i\}$的一个周期中，若

$$b_{t-1} \neq b_t = b_{t+1} = \cdots = b_{t+l-1} \neq b_{t+l}, \tag{3.15}$$

则称$(b_t, b_{t+1}, \cdots, b_{t+l-1})$为序列的一个长为$l$的游程。

定义 3.6.2　周期为T的序列$\{b_i\}$的周期自相关函数定义为

$$R(j) = \frac{A-D}{T}, \tag{3.16}$$

式中，$A=|\{0 \leqslant i < T : b_i = b_{i+j}\}|$，$D=|\{0 \leqslant i < T : b_i \neq b_{i+j}\}|$，$A$表示序列$\{b_i\}$和$\{b_{i+j}\}$中相同的位的数目，$D$表示序列$\{b_i\}$和$\{b_{i+j}\}$中不同的位的数目。当$j$为$T$的倍数时，$R(j)$为自相关函数，$R(j)=1$；当$j$不是$T$的倍数时，$R(j)$为异相自相关函数。

周期为T的伪随机二进制序列应满足 Golomb 提出的三条随机性公设[25]：

①若T为奇数，则序列$\{b_i\}$一个周期内 0 的个数比 1 的个数多 1 或少 1；若T为偶数，则 0 的个数与 1 的个数相等。

②长度为T的周期内，1 游程的个数占游程总数的$1/2$，2 游程的个数占游程总数的$1/2^2$，…，d游程的个数占游程总数的$1/2^d$，而任意长度的 0 游程个数与 1 游程个数相同。

③序列的异相自相关函数是一个常数。

公设①和②的意义很明确，主要用于衡量序列的平衡性和随机性，而公设③意味着对序列与其平移后的序列作比较，不能获取其他任何信息。

3.6.3　线性复杂度

定义 3.6.3　GF(2) 上的有限长序列$b = b_0, b_1, \cdots, b_{n-1}$的线性复杂度$L(s)$定义为

$$L(s) = \min\{n \mid \text{存在GF(2)上的}n\text{-LFSR序列}b\}. \tag{3.17}$$

可见，有限长序列$\{b\}$的线性复杂度$L(s)$是产生该序列 GF(2) 上级数最少的线性移位寄存器的级数，对于全零序列b，约定$L(b)=0$。对 m-序列、Gold 序列而言，其线性复杂度就是构成该序列的移位寄存器的阶数n。

线性复杂度在密码学中的重要意义在于：对于一个线性复杂度为n的序列，只要知道$2n$个任意连续码元，就可以给出该序列的等效线性反馈逻辑，进而复制出该序列，实现对序列密码的破译。所以说 m-序列的安全性很差。

Massey 指出[54]，在有限域上用有限状态机(无论是线性有限状态机或非线性

有限状态机)生成的任意序列一定存在有限的线性复杂度，而且用 Berlekamp-Massey 算法[54]可在 nL 时间内计算出线性复杂度为 L 的 n 长序列的线性复杂度。B-M 算法是一个多项式时间算法。

定理 3.6.1 序列的线性复杂度存在如下基本性质[55]：

设 n 长序列 $\{s\}$ 和 l 长序列 $\{t\}$ 分别是 GF(2) 上的两个有限长序列，则

①对任何 $n \geqslant 1$，n 长序列 $\{s\}$ 的线性复杂度 $L(s)$ 满足 $0 \leqslant L(s) \leqslant n$；

②序列 $\{s\}$ 的线性复杂度 $L(s)=0$ 当且仅当序列 $\{s\}$ 为零序列；

③序列 $\{s\}$ 的线性复杂度 $L(s)=n$ 当且仅当序列 $\{s\}=\{0,0,\cdots,0,1\}$；

④如果序列 $\{s\}$ 是周期为 N 的序列，则 $L(s) \leqslant N$；

⑤ $L(s \oplus t) \leqslant L(s)+L(t)$，$s \oplus t$ 表示序列 s 和 t 按位异或。

定理 3.6.2 n 长独立等概率同分布的二进制随机序列 $\{s\}$ 的线性复杂度 $L(s)$ 有以下特性[54, 55]：

$$E[L(s)]=\frac{n}{2}+\frac{1}{4}+\frac{(-1)^n}{36}+O(n \cdot 2^{-n}), \tag{3.18}$$

$$\lim_{n \to \infty} E[L(s)]=\frac{n}{2}, \tag{3.19}$$

$$\mathrm{Var}[L(s)]=\frac{86}{81}+O(n \cdot 2^{-n}), \tag{3.20}$$

$$\lim_{n \to \infty} \mathrm{Var}[L(s)]=\frac{86}{81}, \tag{3.21}$$

其中，$E[L(s)]$ 表示序列 $\{s\}$ 的线性复杂度的期望值，$\mathrm{Var}[L(s)]$ 表示序列 $\{s\}$ 的线性复杂度的方差。

定理 3.6.2 说明，对于长度为 n 的序列，其线性复杂度逼近于 $n/2$，并且不论序列有多长，其线性复杂度的方差都逼近于一个常数。

3.7 伪随机检验规则

序列密码的核心是序列的随机性，故所有伪随机序列都必须通过随机性检测。实际上，这里的随机是具有概率特性的，我们可以用概率统计的方法来对混沌序列的随机性进行描述。这就是我们所说的随机性测试的含义。

做检验时，混沌序列是随机的称之为源假设或零假设，记作 H_0。与源假设相对的假设是：混沌序列不随机的称作备择假设或对立假设，记作 H_1。原假设 H_0 和备择假设 H_1 两者中必有且仅有一个为真。

检验假设的理论依据是小概率事件在一次试验中几乎不可能发生。首先假定

原假设 H_0 成立，依照事先给定的概率 α (称为显著性水平)，构造一个小概率事件。然后根据抽样的结果，观察此小概率事件是否发生。若此小概率事件发生，则认为原假设不真，从而作出拒绝 H_0 的判断，否则接受。

检验假设的两种结果为：接受源假设而拒绝备择假设(待检验序列是随机的)，拒绝源假设而接受备择假设(待检验序列是不随机的)。然而，检验假设结果存在的两类错误，第一类错误(又称弃真错误)：原假设 H_0 为真，但拒绝了原假设 H_0，记作 $P\{$拒绝 $H_0 \mid H_0$ 为真$\}=\alpha$；第二类错误(又称取伪错误)，原假设 H_0 不真，但接受了原假设 H_0，记作 $P\{$接受 $H_0 \mid H_0$ 不真$\}=\beta$。显然，显著水平 α 为犯第一类错误的概率。

给定一个序列，我们对其进行统计检验看其是否符合随机性假设。对每一个检验来说，统计检验的结果就是看是否符合某个特定的分布，我们称为参考分布函数，所以详细说来，每个检验的源假设有可能是不同的，比如：服从标准正态分布 $N(0,1)$ 或者自由度为 n 的 χ^2 分布等。那么必须建立一个量的标准来衡量检验结果，衡量方法有很多种，最常见的有三种[49]，下面分别讨论。

1.门限值

这种方法是将统计结果与某一个门限值进行比较，如果大于或小于(视检验方法不同)这个门限值时就认为混沌序列未通过测试。比如，如果某个检验的参考分布是 χ^2 分布，那么我们对某个混沌序列进行计算，得到统计值 V，设自由度为 n，显著性水平为 α，那么此时门限值就为 $\chi^2_{\alpha n}$，如果 V 不大于门限值，我们就认为混沌序列通过随机性检验，否则未通过。

2.取值范围

该方法就是设置一个取值范围，然后看统计结果是否在这个取值范围内，如果在则支持源假设，否则拒绝源假设。

3. P-value

我们知道任何检测都不能完全排除犯错误的可能性，任何理想的方法是应使犯两类错误的概率都很小，但是样本容量固定时，一类错误概率的减少必然导致另一类错误概率的增加。但混沌序列统计检验的目标之一就是尽量减少第二类错误发生的概率，也就是说我们要求宁弃真勿存伪。我们在随机性测试时，一般会设置一个固定的 α 值，比如 0.01，由此应该有一个门限值，然后用某种方法计算一个概率值，再将其和门限值比较，从而得出测试结果。

我们不妨设检验的统计结果为S，临界值为t，那么第一类错误发生的概率为$P\{S>t\mid H_0$为真$\}=P\{$拒绝$H_0\mid H_0$为真$\}$，第二类错误发生的概率为$P\{S\leqslant t\mid H_0$不真$\}=P\{$接受$H_0\mid H_0$不真$\}$。这里我们计算概率值 P-value，P-value 是一个真随机序列比待检验序列随机性差的概率。显然，如果 P-value＝1，那么待检验的序列就是一个完美的随机序列；如果 P-value＝0，那么待检验的序列就是完全不随机的。我们将 P-value 与显著性水平α比较，如果 P-value$\geqslant\alpha$，那么我们就接受源假设，也就是说，待检验序列是随机的；否则如果 P-value$<\alpha$，那么我们就拒绝源假设，也就是说，待检验序列不是随机的。典型的情况下α的取值范围为[0.001,0.01]。α取 0.001 表示：1000 个混沌序列用于测试，结果可能会出现一个被拒绝接受为真随机序列的情况。对应于 P-value>0.001 的情况，一个序列被认为是随机的可信度为 99.9%；对于 P-value<0.001 的情况，一个序列会被认为是非随机的可信度为 99.9%。α越小，要求测试的精度越高。

这三种方法都可以用来作为衡量随机性的标准，最精确的还是 P-value 方法，尤其对于长序列来说，P-value 方法不但准确而且方便。我们看到取值范围方法中的取值范围必须事先计算好，也就是显著性水平已经确定，那么如果我们想提高测试精度而减小显著性水平的值时就会遇到麻烦，而 P-value 方法是计算概率，与显著性水平无关，可以取任意值的显著性水平值与 P-value 比较从而得到不同精度的测试结果。门限值方法也比较方便，只是计算精度稍微差一点，也就是说有时门限值方法的测试结果会出现偏差。所以我们这里采取 P-value 方法。

3.8 伪随机序列检验方法

现在应用较广的随机序列统计测试方法主要是 NIST(National Institute of Standards and Technology) Special Publication 800－22 中，由 George Marsaglia 提出的 Diehard 测试方法和由 D.E.Knuth 给出的一些测试方法[51, 55, 56-60]。

3.8.1 测试统计基础

在统计测试中，常用到正态分布和 Pearson 定理(χ^2检验)等数理统计知识。下面对其进行简单介绍。

1.二项分布

如果随机变量 X 的所有可能取值为 $0,1,2,\cdots,n$ ，且 X 取值 k 的概率为

$$p_k = \mathrm{C}_n^k p^k (1-p)^{n-k}, k=0,1,2,\cdots,n, \tag{3.22}$$

则称 X 服从参数为 (n,p) 的二项分布，记为 $X \sim B(n,p)$ 。当 k 取值仅为 0, 1 时，又称 X 为 $0-1$ 分布或两点分布。

2.正态分布

如果随机变量 X 的概率密度函数为

$$f(x) = \frac{1}{\sigma\sqrt{2\pi}} \exp\left\{-\frac{(x-\mu)^2}{2\sigma^2}\right\}, \tag{3.23}$$

则称随机变量 X 服从参数为 (μ,σ^2) 的正态分布，记为 $X \sim N(\mu,\sigma^2)$ 。如果 $\mu=0,\sigma=1$ ，则称 X 服从标准正态分布，记为 $X \sim N(0,1)$ 。其分布函数记为

$$\Phi(z) = \frac{1}{\sqrt{2\pi}} \int_{-\infty}^{z} \mathrm{e}^{-\frac{u^2}{2}} \mathrm{d}u. \tag{3.24}$$

3. χ^2 分布

设 $x_1, x_2, \cdots, x_n$ 是来自标准正态总体 $N(0,1)$ 的独立样本，则由它们构造的统计量 $X = \sum_{i=1}^{n} x_i^2$ 服从自由度为 n 的 χ^2 分布。自由度为 n 的 χ^2 分布的概率密度函数为

$$f(x,n) = \begin{cases} \dfrac{1}{2^{n/2}\Gamma(n/2)} x^{n/2-1} \mathrm{e}^{-x/2}, & x \geqslant 0, \\ 0, & x < 0, \end{cases} \tag{3.25}$$

其中，伽马函数 $\Gamma(z) = \int_0^{\infty} x^{z-1} \mathrm{e}^{x} \mathrm{d}x$ ，而 $\Gamma(a) = \Gamma(a,0)$ 。

对一般的伽马函数，有

$$\Gamma(a,x) \equiv \int_x^{\infty} t^{a-1} \mathrm{e}^{-1} \mathrm{d}t. \tag{3.26}$$

特别地，对于 a 为整数 n 的情况，有

$$\Gamma(n,x) = (n-1)!\mathrm{e}^{-x} \sum_{k=0}^{n-1} \frac{x^k}{k!}. \tag{3.27}$$

4.Pearson 定理

利用总体的样本值$x_1,x_2,\cdots,x_n$，来检验总体的分布函数是否为$F(x)$。

先设定原假设H_0： X的分布函数为$F(x)$， $F(x)$为某已知分布函数。取$k-1$个点，满足：$t_1<t_2<\cdots<t_{k-1}$，将实数轴分为k个区间：$(-\infty,t_1],(t_1,t_2],\cdots,(t_{k-1},+\infty)$。设样本值$x_1,x_2,\cdots,x_n$中落入第$i$个区间$(t_{i-1},t_i]$内的个数为$\nu_i$，则相对频数为$\nu_i/n,1\leqslant i\leqslant k$。

如果原假设H_0成立，则X落入第i个区间内的概率为

$$p_i=F(t_i)-F(t_{i-1}),\quad 1\leqslant i\leqslant k. \tag{3.28}$$

伯努利定理指出：当$n\to\infty$时，重复独立试验中事件发生的频数收敛于该事件在每次试验中发生的概率。

所以当n充分大时，$|\nu_i/n-p|$应该比较小。从而

$$\sum_{i=1}^{k}(\frac{\nu_i}{n}-p_i)^2\cdot\frac{n}{p_i}=\sum_{i=1}^{k}\frac{(\nu_i-np_i)^2}{np_i}, \tag{3.29}$$

也应该比较小。

Pearson 指出：假设H_0成立，则当n充分大时，$V=\sum_{i=1}^{k}\frac{(\nu_i-np_i)^2}{np_i}$近似服从自由度为$k-r-1$的$\chi^2$分布，其中$r$是$F(x)$中被估计的参数个数。

在实际应用中，一般要求$np_i\geqslant 5$，以保证误差不会太大。

5.中心极限定理

设随机变量η服从参数为n,p的二项分布，则对于任意x，有

$$\lim_{x\to\infty}p\left\{\frac{\eta-np}{\sqrt{np(1-p)}}\leqslant x\right\}=\int_{-\infty}^{x}\frac{1}{\sqrt{2\pi}}\exp\left\{-\frac{t^2}{2}\right\}\mathrm{d}t. \tag{3.30}$$

由此可见，二项分布的极限分布是正态分布。

6.假设检验

假设检验研究的问题是，在总体的分布函数完全未知或有参数未知的情况下，为推断总体的某些假设性质而提出关于总体的假设，然后根据样本对所提出的假设做出判断：拒绝还是接受原假设。

关于参数假设通常有以下步骤：

①根据实际情况，提出原假设H_0和备择假设H_1；

②给定显著性水平α以及样本容量n；
③确定检验统计量以及拒绝域;
④根据取样结果确定是接受还是拒绝原假设H_0。

3.8.2　NIST 随机序列测试方法

1.NIST 随机序列测试概述

美国国家技术与标准局 NIST 推出的统计测试软件包 STS（Statistical Test Suite)是当前伪随机性测试中最具权威的工具。表 3.1 给出了其 16 种随机序列测试的方法。

表 3.1　NIST 的 16 种测试方法

序号	测试方法
1	单比特频数测试
2	分块块内频数测试
3	游程测试
4	块内长游程测试
5	二进制矩阵秩测试
6	离散傅里叶变换测试
7	非重叠块匹配测试
8	重叠块匹配测试
9	Maurer 的通用统计测试
10	Lempel-Ziv 压缩测试
11	线性复杂度测试
12	串行检验
13	近似熵测试
14	累加和测试
15	随机游动测试
16	随机游动状态频数测试

2.测试结果判定

对每一种测试方法，相应于测试序列，会产生一个相应的 P-value 值。对于选定的显著性水平α(在这 16 种方法中，显著性水平$\alpha = 0.01$)，若 $P\text{-value} \geqslant \alpha$，则认为该序列通过该测试，否则视为未通过。为对一种测试结果给出合理的判断，对每一种发生器，可能需要选择不同的样本序列进行测试。对由此产生的不同 P-value 值，NIST 采用下面两种方法来对结果作出判断。

1) 成功率

测试算法独立生成 m 组随机序列，依据各次测试 P-value 值是否大于 $\alpha = 0.01$ 计算通过率。先计算

$$\hat{p} \pm 3\sqrt{\frac{\hat{p}(1-\hat{p})}{m}}, \quad \hat{p} = 1-\alpha. \tag{3.31}$$

若各次测试通过率落入可信区间 $(\hat{p}-3\sqrt{\hat{p}(1-\hat{p})/m}, \hat{p}+3\sqrt{\hat{p}(1-\hat{p})/m})$（其中 $\hat{p}=1-\alpha, m \geqslant 1000$），则可认定所测试算法为信任度高的随机序列。

2) P-value 分布的均匀性

测试算法独立生成 m 组随机序列，依据各项测试所得 P-value 值，按下式

$$\chi^2 = \sum_{i=1}^{10} \frac{(F_i - m/10)^2}{m/10}, \tag{3.32}$$

其中，F_i 是在子区间 $[(i-1)\times 0.1, i\times 0.1)$ 的 P-value 的数目，m 是测试序列的数目。然后计算 P-value 的 P-value$_T$

$$P\text{-value}_T = \text{igamc}\left(\frac{9}{2}, \frac{\chi^2}{2}\right), \tag{3.33}$$

其中，$\text{igamc}(n, x)$ 是不完全Gamma 函数。

最后，判断均匀性。如果 P-value$_T \geqslant 0.0001$，则测试序列可以认为是均匀分布的。

以上两种方法解释测试结果，由 STS 软件包自动完成。

3.NIST 测试目的

1) 单比特频数测试(the frequency test)

频数检验用来检验序列中 0 和 1 的个数是否相等。一个随机的二进制序列的每一位都应该服从二点分布，而且 0 和 1 出现的概率都为$1/2$。一般来说，该检验是是否还需要进行其他检验的前提，如果待测序列没有通过单比特频数检验，则不用再进行其他检验就可以认为待测序列不是随机的。

2) 分块块内频数测试(the frequency test within a block)

其目的是检验序列在分块后，子块中 0 和 1 的比例是否平衡。

3) 游程测试(the runs test)

游程是序列的一个子串，由连续的“0”或者“1”组成，并且其前导和后继元素都与其本身的元素不同。游程检验主要检验序列中游程总数是否符合随机性要求。

4) 块内最长游程测试(the test for the longest-run-of ones within a block)

其目的是检验进行 M 比特分块后的子序列块内符号 1 的最大游程分布是否符合随机性要求。

如果最长 1-游程未通过测试，则相应地，最长 0-游程也不会通过测试，因此，只进行最长 1-游程的测试。

5) 二进制矩阵秩测试(the binary matrix rank test)

矩阵秩检验用来检验待验序列中给定长度的子序列之间的线性独立性。我们从待检序列构造矩阵，然后检测矩阵的行或列之间的线性独立性。矩阵秩的偏移量程度可以给我们关于线性独立性的量的认识，从而影响对源序列随机性程度的评价。

6) 离散傅里叶变换测试(the discrete fourier transform test)

该测试是通过对测试序列进行离散傅里叶变换后，检验其频谱尖峰的分布情况，来测试序列的周期特性。通常取随机序列离散傅里叶变换后尖峰谱值总数的95%为门限，考查测试序列超过这个门限的尖峰数的比例是否与 5%有显著差异。

NIST 在该测试中设定尖峰谱值总数的 95%为 $h=\sqrt{3n}$ 。

7) 非重叠块匹配测试(the non-overlapping template matching test)

该测试通过用测试序列与给定的非周期固定序列进行非重叠的匹配比较，来判断随机序列发生器是否生成太多或太少固定模式的序列。

8) 重叠块匹配测试(the overlapping template matching test)

该测试同非重叠块匹配测试类似。其目的是检验测试序列中按重叠方式匹配给定模块 B 的次数是否符合随机性要求。NIST 给定模块 B 通常取连续 m 比特的 1，但可以很容易地将 B 取为其他 m 比特的序列。

该测试方法与非重叠块匹配测试的差异是：在本测试方法中，不管当前子序列是否与 B 匹配，下一步都是待检测子序列前进一个比特，再取连续的 m 比特与 B 作匹配比较。

9) Maurer 的通用统计测试(Maurer’ s universal statistics test)

该测试是检验测试序列是否可以被明显地进行无损压缩。如果能被明显压缩则序列不随机[43]。

10) Lempel-Ziv 压缩测试(the Lempel-Ziv compression test)

该测试同样也是检验序列是否可以被显著压缩。

11) 线性复杂度测试(the linear complexity test)

线性复杂度的概念基于线性反馈移位寄存器(LFSR)。该测试检验测试序列的线性复杂度是否满足随机序列的要求。

12) 序列检验(the serial test)

序列检验用来检测待检序列的 m-位可重叠序列的每一种模式的个数是否相等。对随机伪序列来说，由于其具有均匀性，m-位可重叠序列的每一种模式出现的机会是均等的，所以m-位子序列的每一种模式的个数应该相等。

令$m=1$，则序列检验等价于频数检验。

13) 近似熵测试(the approximate entropy test)

近似熵检验和序列检验一样，是对m-位可重叠序列模式的检验。不过，序列检验是检验 m-位可重叠子序列模式的频数，而近似熵检验是通过比较m-位可重叠子序列模式的频数和$m+1$-位可重叠子序列模式的频数来评价其随机性。

14) 累加和测试(the cumulative sums test)

该测试通过将序列中的0, 1转换为−1, +1，计算其累加和来检测原序列中0, 1的分布情况。通常可分为前向和后向两种模式。

15) 随机游动测试(the random excursions test)

该测试同累加和测试一样对序列$S_k(k=1,2,\cdots,n)$做分析，考查序列S_k的每一个“0-回归”模式中各种状态出现的次数，检验出现频次是否满足随机性要求。

16) 随机游动状态频数测试(the random excursion variant test)

该测试通过检验序列的各个累加和的状态来检测序列是否满足随机性要求。

3.9 本章小结

本章介绍了伪随机序列的基本理论。首先介绍了伪随机序列的数学定义，接着详细介绍了伪随机序列的性能指标，对伪随机序列的检测规则和检测方法做了详细的论述，最后论述了混沌系统构造伪随机序列发生器的可行性。下一章我们将提出一种基于区间数目参数化 PLCM 的混沌伪随机序列发生器的设计与实现，该发生器产生的序列具有良好的性能指标。

第4章　一种基于SNP-PLCM的伪随机序列发生器的设计与分析

4.1　引　　言

伪随机序列广泛应用于密码、扩/跳频通信系统中。正如著名的密码学家Bruce Schneier所说，“随机序列是谈论最少的密码学问题，但没有哪个问题比这个问题更重要”。几乎每一个用到密码技术的系统都要用到随机序列，比如密钥管理、密码学协议、数字签名和身份认证等。因此随机序列发生器的重要性不言而喻。前人在这方面做了较多工作，线性同余发生器、移位寄存器序列等经典随机序列发生器相继出现。但这些随机序列发生器都具有明显的缺陷：Matteis-Pagnutti已经从理论上证明所有线性和非线性同余序列都存在长周期相关现象，在并行计算中，应该警惕和回避这种现象。除了上述的长周期相关现象，线性同余序列还有一个很大的缺陷：高维的不均匀性。Ferrenberg在统计物理学的两个著名模型(Lsing和三维自回避行走)的蒙特卡罗模拟中得到完全错误的结果，发现移位寄存器序列内相关性严重。

由于混沌系统可以产生“不可预测”的伪随机轨道，许多研究集中在使用混沌系统构造伪随机序列发生器的相关算法及性能分析上[14,16,34,35,38-45,61-69]。对于连续混沌系统而言，很多混沌伪随机序列已经证明具有优良的统计特性。十多年来，基于混沌系统的伪随机序列存在的主要问题是[70-72]：①混沌函数的短周期，为获得相同的周期，有限精度的混沌函数内部要比移位寄存器使用多一倍的存储器数目。②混沌序列的生成器总是在有限精度器件中实现的，使得任何混沌序列最终是周期性的。因此，有限精度效应是混沌序列从理论走向应用的主要障碍。③现有的混沌序列的研究对于所生成序列的周期性、伪随机性、复杂性等的估计不是建立在(连续状态空间)统计分析上，就是通过实验给出，故难于保证其每个实现序列的周期性、伪随机性、复杂性都足够高，因而不能放心地采用它来加密。为了克服有限精度下混沌序列的短周期，充分利用区间数目参数化分段线性混沌映射运算速度快的特性，提出一种基于区间数目参数化分段线性映射

(segment number parameter-piecewise linear chaotic map，SNP-PLCM)的伪随机序列发生器，该发生器通过利用混沌系统控制参数扰动策略和输出序列扰动策略来克服有限精度下的短周期问题，理论分析和实验结果表明该发生器产生的序列具有长周期、均匀分布函数和类似于δ的自相关性。

4.2 区间数目参数化 PLCM

4.2.1 混沌映射的选择

目前，大部分混沌密码系统采用的都是混沌系统，它们不一定能提供严格密码学意义上的特性。实际上，经研究发现，很多混沌映射用于密码系统的共同缺陷是它们不能控制周期和统计特性[68, 73-74]。在众多的混沌系统中，有一类被称为分段线性混沌映射(piecewise linear chaotic map，PLCM)的系统，多年研究表明它们具有均匀的分布函数及可控的统计特性，是混沌密码系统的优良选择。帐篷映射[式(2.17)]、四分段 PLCM[式(2.19)]、多区间数目 PLCM[62, 63]是此类混沌映射的典型代表。多区间混沌映射的数学表示为

$$x_{n+1} = f_\beta(x_n) = \begin{cases} \dfrac{1+2(x_n-\alpha_i)}{\alpha_{i+1}-\alpha_i}, & x_n \in [\alpha_i, \alpha_{i+1}), \\ f_\beta(-x_n), & x_n \in [-1, 0), \\ 1, & x_n = 1, \end{cases} \tag{4.1}$$

其中，$\beta \geqslant 1$，$0=\alpha_0<\alpha_1<\cdots<\alpha_{\beta+1}=1$，$\alpha_1,\alpha_2,\cdots,\alpha_\beta$为控制参数，$\beta$为区间数目参数，映射的分段区间数目为$2(\beta+1)$。

帐篷映射和四分段 PLCM 用于密码系统的缺陷是分段区间数目较少，为了充分实现混沌的特性，需要的迭代次数较多，严重地影响加密速度。多区间数目 PLCM 用于密码系统的缺陷是控制参数随着分段区间数目的增大而增多，增加了密钥管理的难度，也增加了系统的实现成本。

分段线性混沌映射另外一个常见的缺陷就是“逐段线性”。针对这一缺陷，桑涛等提出一类“逐段二次方根”的混沌映射[39]，这种方法不仅具有安全统计性质，还克服了“逐段线性”的缺陷，从而具有更强的安全性，但是由于该方法采用了“逐段二次方根”，每次运算时需进行开方运算，因此降低了运算速度。胡国杰提出一种新型混沌映射——“逐段二次”非线性映射[74]，该映射可产生具有均匀分布函数和类似δ的自相关函数的模拟混沌序列，与“逐段二次方根”映射相比，避免了复杂的运算，提高了运算速度。逐段非线性映射于密码系统虽然弥

补了“逐段线性”这一缺陷，但其形式复杂，不能用定点算法实现，并且控制参数随着分段区间数目的增大而增多，增加了密钥管理的难度，也增加了系统的实现成本。

尽管分段线性混沌映射存在“逐段线性”的缺陷，但可以通过密码学的一些方法进行弥补。并且其形式简单，可以采用定点算法实现，具有理想的统计特性，因此一直是混沌密码学的研究重点。

为了充分利用分段线性混沌映射运算速度快的优点，并且在有限精度下可以采用定点算法实现，克服需要迭代的次数较多而严重影响加密速度的问题，我们采用文献[73]提出的区间数目参数化 PLCM 产生的混沌伪随机序列来构造伪随机序列发生器。区间数目参数化的分段线性混沌映射是在四分段 PLCM 的基础上，采用数学方法产生多分段区间 PLCM；同式(4.1)所示的多分段区间 PLCM 相比，控制参数少，便于软硬件的实现；如果控制参数作为密钥也利于密钥的管理，很大程度上解决了加密速度问题，甚至可以应用到实时加密系统。

区间数目参数化 PLCM 的数学表达式为

$$x_{n+1}=f(x_n,\mu)=\begin{cases}\dfrac{x_n-i\mu}{\dfrac{\mu}{l}}, & \dfrac{i\mu}{l}\leqslant x_n<\dfrac{(i+1)\mu}{l},\\[2ex] \dfrac{x_n-\left(\mu+\dfrac{i(0.5-\mu)}{l}\right)}{\dfrac{0.5-\mu}{l}}, & \mu+\dfrac{i(0.5-\mu)}{l}\leqslant x_n<\mu+\dfrac{(i+1)(0.5-\mu)}{l},\\[2ex] 0, & x_n=0.5,\\ f\left[(1-x_n),\mu\right], & 0.5<x_n<1,\end{cases}\tag{4.2}$$

其中，$i=0,1,2,\cdots,l-1$；$x_n\in[0,1]$；l 为区间数目选择参数，映射的分段区间数目为$4\cdot l$。通过对l的选择，可以选择分段区间数目。

4.2.2　区间数目参数化 PLCM 特性分析

本节从密码学角度分析区间数目参数化 PLCM 的 Lyapunov 指数、PLCM 混沌信号分布性及其自相关函数等[73]。

1. Lyapunov 指数

Lyapunov 指数λ可以表征系统运动的特征，它沿某一方向取值的正负和大小，表示系统吸引子中相邻轨道沿该方向平均发散($\lambda_i>0$)或收敛($\lambda_i<0$)的快

慢程度。

由区间数目参数化 PLCM 的表达式(4.2)可得

$$f'\left(x_n,\mu\right)=\pm\frac{1}{\mu}, \tag{4.3}$$

或

$$f'(x_n,\mu)=\pm\frac{1}{0.5-\mu}.$$

又因为$l\geqslant 1$且$l\in N$、$\mu\in\left(0,0.5\right)$，所以可得：$|f'\left(x_n,\mu\right)|>1$。从而由混沌系统 Lyapunov 指数定义可得

$$\lambda=\lim_{u\to\infty}\frac{1}{\mu}\sum_{i=0}^{u}\ln|f'\left(x_n,\mu\right)|>0. \tag{4.4}$$

正的λ意味着迭代混沌系统是混沌的，即混沌轨道分离速度加快。

为了充分实现初值敏感性，区间数目参数化 PLCM 所需的迭代次数为 z，则 $x_{n+z}=f^z\left(x_n,\mu\right)$ 共有 $(4l)^z$ 个分段区间，区间长度为 $\mu^j\left(0.5-\mu\right)^{z-j}\Big/l^z$，$j\in\left[0,z\right]\subset\mathbf{Z}$；斜率 s 为$\pm\mu^{-j}\left(0.5-\mu\right)^{j-z}l^z$。设系统的二进制数字实现精度为 L，则任意迭代的初值x_n的最小变化为2^{-L}。

x_{n+z}的最高有效位二进制数字的值为 0.5，所以当$2^{-L}|s|\geqslant 0.5$时，迭代初值的最低有效位的变化都将引起x_{n+z}的最高有效位的变化，充分实现初值敏感性。$|s|=\mu^{-j}\left(0.5-\mu\right)^{j-z}l^z\geqslant l^z\cdot\min\left(\mu^{-z},\left(0.5-\mu\right)^{-z}\right)$，因为$\mu^{-l}>2$以及$\left(0.5-\mu\right)^{-l}>2$，所以可得$\min\left(\mu^{-z},\left(0.5-\mu\right)^{-z}\right)>2^z$，进而$|s|>2^z l^z=\left(2l\right)^z$；所以当$z>\left(L-1\right)\log_{2l}2$时，$2^{-L}|s|>2^{-L}\left(2l\right)^{(L-1)\log_{2l}2}=0.5$。

$\left(L-1\right)\log_{2l}2$随着$l$的增大而减小，所以为了充分实现敏感性，所需要的迭代次数的最小值也是随着l的增大而减小。

2.混沌信号分布性

一般情况下，对混沌信号分布函数的统计会随着时间的增加逐渐趋向于一个不变的函数$f^{*}(x)$，该函数称为混沌系统的渐近概率分布函数或不变分布函数(invariant distribution)。不变分布函数是混沌信号重要的统计特征，它直接取决于混沌映射的结构。

定义 4.2.1 设$f:J\to J$为一维混沌映射，μ为不变测度，当满足以下条件时称为在f下的不变

$$\mu(f'(J))=\mu(J). \tag{4.5}$$

如果μ在勒贝格测度意义下是绝对连续的，有

$$\mu(J)=\int_J f^*(u)\mathrm{d}u. \tag{4.6}$$

在一维迭代混沌映射 f 中，设 f 是分段可逆的，即对任意 $x \in J$，有 $y_i = f(x)$，其中$0<i<n-1$。Frobenius 和 Perron 给出在迭代中其不变分布 $f^*(x)$ 满足的规则

$$f^*(x)=\sum_{i=0}^{n-1}\frac{f^*(x)}{\left\|f'(y_i)\right\|}. \tag{4.7}$$

设$A=[0,x]$，定义f的 Frobenius-Perron 算子如下

$$P\left(f^*(x)\right)=\frac{\mathrm{d}}{\mathrm{d}x}\int_{f^{-1}(A)}f^*(u)\mathrm{d}u. \tag{4.8}$$

区间数目参数化 PLCM 是 $4l$ 段分段可逆的，其 Frobenius-Perron 算子可以改写为

$$P\left(f^*(x)\right)=\sum_{i=0}^{l-1}\frac{f^*\left(f^{-l}(x)\right)}{|f'\left(f^{-1}(x)\right)|}. \tag{4.9}$$

将式(4.2)代入(4.9)可得

$$\begin{aligned}P\left(f^*(x)\right)=&\sum_{i=0}^{l-1}\frac{\mu}{l}\cdot f^*\left(\frac{\mu x}{l}+\frac{i\mu}{l}\right)+\sum_{i=0}^{l-1}\frac{0.5-\mu}{l}.f^*\left[\frac{(0.5-\mu)}{l}+\left(\mu+\frac{i(0.5-\mu)}{l}\right)\right]\\&+\sum_{i=0}^{l}\frac{0.5-\mu}{l}\cdot f^*\left(0.5+\frac{i(0.5-\mu)}{l}-\frac{x(0.5-\mu)}{l}\right)\\&+\sum_{i=1}^{l}\frac{\mu}{l}\cdot f^*\left(1-\mu+\frac{i\mu}{l}-\frac{ix}{l}\right).\end{aligned} \tag{4.10}$$

显然其通解为$f^*(x)=1$，这表明分段区间数目参数化 PLCM 输出信号在$[0,1]$具有均匀的概率密度函数$f^*(x)=1$，即在$[0,1]$空间均匀分布。

3.自相关函数

设$\beta=\{\beta_1,\cdots,\beta_{4l}\}$为区间数目参数化 PLCM $f(\cdot)$的各个分段区间，则有

$$\begin{aligned}&U_{i=1}^m\beta_i=X=[0,1],\\&\beta_i\cap\beta_j=\varnothing,\quad \forall i\neq j.\end{aligned} \tag{4.11}$$

对于任意的β_i分段区间，都有

$$f(x)|\beta_i=f_i'(x)\cdot x+b_i. \tag{4.12}$$

区间数目参数化 PLCM $f(\cdot)$是可测的，其任意的可测集合$A\subset X=[0,1)$的 Lebesgue 的度量$m(A)$由不变概率密度函数$f^*(x)$决定，数学表达式为

$$m(A)=\int_A f^*(x)\mathrm{d}x. \tag{4.13}$$

又因为 $f^{*}(x)=1$，所以可得

$$m(A)=\int_{A}\mathrm{d}x. \tag{4.14}$$

$f(\cdot)$ 的相关函数 $\rho(r)$ 按照概率学的定义，其数学表达式为

$$\rho(r)=\frac{1}{\sigma^{2}}\lim_{N\to\infty}\frac{1}{N}\sum_{i=0}^{N-1}(x_{i}-\overline{x})(x_{i}-\overline{x}), \tag{4.15}$$

式中，σ^2 为 x 的方差，$\overline{x}$ 为 x 的平均值。根据 Birkhooff 的理论[75]，式(4.15)等价于

$$\rho(r)=\frac{1}{\sigma^{2}}\left[\int_{X}m(\mathrm{d}x)xf^{r}(x)-\overline{x}^{2}\right]. \tag{4.16}$$

由式(4.14)可得

$$m(\mathrm{d}x)=\mathrm{d}x. \tag{4.17}$$

由于 $f(\cdot)$ 的空间划分为 $\beta=\{\beta_{1},\cdots,\beta_{4l}\}$，所以式(4.16)等价于

$$\rho(r)=\frac{1}{\sigma^{2}}\sum_{i=1}^{n}\left[\int_{\beta_{i}}(\mathrm{d}x)xf^{r-1}(f_{i}(x))-\overline{x}^{2}\right]. \tag{4.18}$$

设 $y=f(x)$，由 $f(\cdot)$ 的定义可知：y 的取值空间 $Y=[0,1)$。所以：

$$\begin{aligned}\rho(r)&=\frac{1}{\sigma^{2}}\left[\frac{1}{|f_{i}'(x)|f_{i}'(x)}\int_{0}^{1}z\mathrm{d}zf^{r-1}(z)-\frac{b_{i}}{|f_{i}'(x)|f_{i}'(x)}\int_{0}^{1}z\mathrm{d}zf^{r-1}(z)-\overline{x}^{2}\right]\\&=\frac{1}{\sigma^{2}}\left[\frac{1}{|f_{i}'(x)|f_{i}'(x)}\int_{0}^{1}z\mathrm{d}zf^{r-1}(z)-\left(\frac{b_{i}}{|f_{i}'(x)|f_{i}'(x)}\int_{0}^{1}z\mathrm{d}zf^{r-1}(z)+\overline{x}^{2}\right)\right]\\&=\frac{1}{\sigma^{2}}\frac{1}{|f_{i}'(x)|f_{i}'(x)}\sum_{i=1}^{4l}\int_{0}^{1}z\mathrm{d}zf^{r-1}(z),\end{aligned} \tag{4.19}$$

当 $r=1$ 时：

$$\rho(1)=\sum_{i=1}^{4l}\frac{1}{|f_{i}'(x)|f_{i}'(x)}=\sum_{i=1}^{4l}\mathrm{sign}(f_{i}'(x))\cdot m^{2}(\beta_{i}). \tag{4.20}$$

因此式(4.20)可以改写为

$$\rho(r)=\rho(r-1)\rho(1). \tag{4.21}$$

递推式(4.21)可以得到：

$$\rho(r)=[\rho(1)]^{r}. \tag{4.22}$$

由式(4.20)可得

$$\begin{aligned}\rho(1)&=\sum_{i=1}^{4l}\frac{1}{|f_{i}'(x)|f_{i}'(x)}=\sum_{i=1}^{4l}\mathrm{sign}(f_{i}'(x))\cdot m^{2}(\beta_{i})\\&=\sum_{j=0}^{3}\sum_{i=1}^{l}\mathrm{sign}(f_{jl+i}'(x))\cdot m^{2}(\beta_{jl+i}).\end{aligned} \tag{4.23}$$

当 $j=0$，区间 $\beta_{i}\subset(0,\mu)$；当 $j=3$ 时，$\beta_{i}\subset(1-\mu,0)$。因为 $f(\cdot)$ 是以

$x=0.5$ 为对称轴的对称函数，$(0,\mu)$ 区间内的各个分段函数分别与 $(1-\mu,1)$ 内的各个分段函数对称，分段区间长度相等，斜率互为相反数。所以：

$$\sum_{i=1}^{l}\left[\operatorname{sign}\left(f_i'(x)\right)\cdot m^2\left(\beta_i\right)+\operatorname{sign}\left(f_{3l+i}'(x)\right)\cdot m^2\left(\beta_{3l+i}\right)\right]=0. \tag{4.24}$$

同理可得

$$\sum_{i=1}^{l}\left[\operatorname{sign}\left(f_{j+i}'(x)\right)\cdot m^2\left(\beta_{l+i}\right)+\operatorname{sign}\left(f_{2l+i}'(x)\right)\cdot m^2\left(\beta_{2l+i}\right)\right]=0. \tag{4.25}$$

综合式(4.24)和式(4.25)可知 $\rho(1)=0$，所以 $\rho(r)=\left[\rho(1)\right]^r$ 为双值相反数相关函数(类似于 δ 函数)，即

$$\begin{cases}\rho(r)=0, & r\neq 0,\\ \rho(r)=1, & r=0.\end{cases} \tag{4.26}$$

4.迭代次数分析

虽然混沌从整体上看类似于噪声信号，但它的迭代具有确定的规则，两个混沌信号间相距的迭代步数越小，它们之间的关系受这种确定性规则的制约就越强。通过大量的数值仿真，我们发现分段线性映射同样存在着这种确定的制约。为了显示这种制约，定义混沌系统相邻两个状态的差值绝对值为 d_1，即 $d_1=|x_{n+1}-x_n|$，类似地定义 $d_k=|x_{n+k}-x_n|$。图 4.1 为式(4.2)在 $l=2$ 时不同控制参数下的 d_1 分布。从图中可以看出，虽然区间数目参数化 PLCM 混沌系统的状态分布具有良好的一致性，但在相距较小迭代步数时，混沌状态之间的差值分布还是严重泄漏了系统的重要信息。

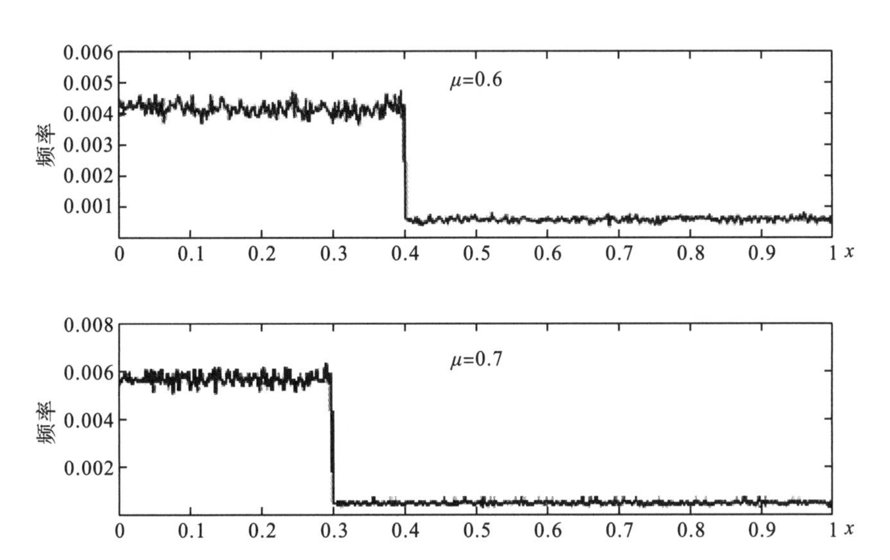

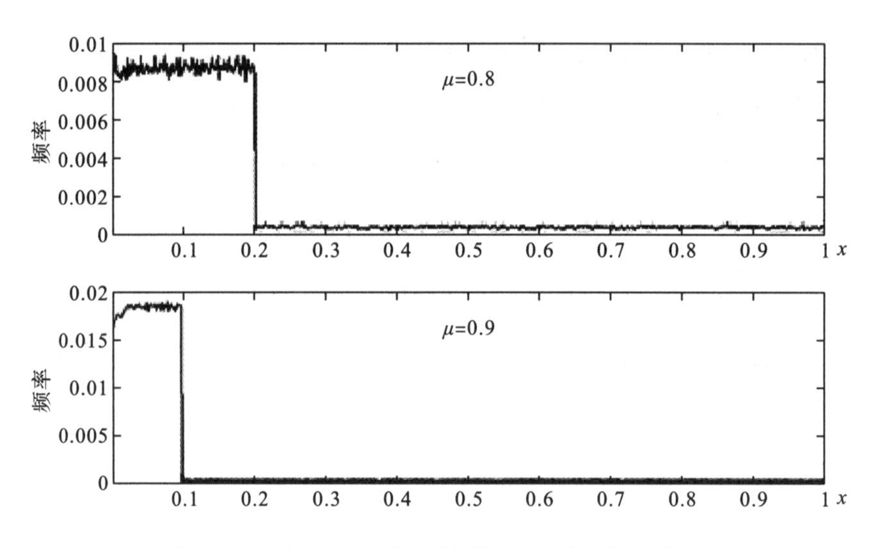

图 4.1 式(4.2)在不同控制参数下的一阶差值 d_1 分布

因此为了保证密码算法的安全，抵抗差分攻击，混沌映射的迭代数应该大于一定的值，以便使产生的混沌值在各方面的表现对分析者而言与真随机信号类似，从而很好地隐藏混沌系统确定性的一面，并充分发挥其伪随机性（或类噪声）的一面。

设系统的实现精度为 L，系统的迭代次数为 z，x_{n_1+z} 和 x_{n_2+z} 的最小变化为 $\Delta=2^{-L}$；假设 (x_{n+z},μ) 最大分段区间长度为 Δ_l，即位于同一区间的最大变化为 Δ_l。则当 $\Delta=2^{-L}>\Delta_l$ 时，初值的任意两点经过 z 次迭代后的轨迹点都不在同一分段区间内，进而可以抵抗差分类攻击。由于迭代后的分段区间长度为 $\mu^j(0.5-\mu)^{z-j}/l^z$，所以

$$\Delta_l=\max\left[\mu^j(0.5-\mu)^{z-j}/l^z\right]=\max\left[\mu^z,(0.5-\mu)^z\right]/l^z<1/(2l)^z. \tag{4.27}$$

所以当 $z>L\log_{2l}2$ 时，$\Delta=2^{-L}>1/(2l)^z$。

综合前面对初值敏感性进行分析得出结论，当 $z>(L-1)\log_{2l}2$ 时，系统具有初值敏感性，由于 $L\log_{2l}2>(L-1)\log_{2l}2$，所以系统的迭代次数应当为 $z>L\log_{2l}2$。随着区间数 l 的增加，所需迭代次数的最小值相应减小。

5.区间数目选择参数的确定

应用区间数目参数化的分段线性混沌映射时，随着区间数目选择参数 l 的增加，所需迭代次数的最小值减小，提高了加密速度。但映射也相应变得复杂，导致硬件实现时，电路的芯片面积增大，成本增加。文献[73]通过加密硬件实现电路芯片门数量、面积和速度的分析，得出区间数目选择参数 $l=3$ 为最优值。

4.3　伪随机序列发生器的设计

4.3.1　混沌伪随机序列发生器的结构设计

当在数字化密码中使用混沌时，很多研究者发现数字化混沌系统存在动力学特性退化，这种退化对数字化混沌密码的安全有不可忽视的影响[64,68,70,76-77]。实际上，由于在数字计算机和数值仿真实验中发现了很多有关数字化混沌的奇怪现象，在混沌理论界有关数字化混沌的病态现象被广泛地报道和研究[64,68,70,76-77]。这些病态现象称为动力学特性退化[78]，主要包括以下几种：

1) 不可捉摸的量化误差

在每次数字化混沌迭代中不可避免地要引入量化误差，这种量化误差会使拟混沌轨道以一种非常复杂而不可控(不可预测)的方式偏离连续系统下的实际混沌轨道。由于混沌系统对初始条件(以及控制参数)的敏感性，有限精度下的拟混沌轨道在经过有限次迭代之后就会变得与真实轨道完全不同。

2) 不可抗拒的周期性

既然数字化混沌迭代是限制在一个包含 2^L 元素的离散空间中，很显然每条拟混沌轨道最后都不可避免会变成周期性的，也就是说，最终总要进入一个循环而该循环的周期必然不大于 2^L。

3) 混沌动力学特性退化

正如前面提到的，所有的拟混沌轨道最终都是周期性的，而且它们的循环周期可能相当短，尽管具有很长周期的拟混沌轨道也可能是存在的[78]，所有的混沌轨道在连续域上测度为 0。也就是说，很多动力学特性存在丧失的危险，如遍历性、不变测度和正的 Lyapunov 指数。

在数字化应用中使用混沌时，一个很重要的问题是如何避免数字化混沌系统的动力学特性退化以使得设计的数字系统的实际性能不会降低得太多。文献[70]总结了在实际应用中克服数字化混沌动力学特性退化的方法，并做了详细的比较分析，主要有：使用更高的有限精度，级联多个数字化混沌系统，以及对数字化混沌系统的伪随机扰动。扰动策略又包括扰动系统变量、扰动控制参数，其中基于扰动办法的研究较多。逐段线性混沌映射(PLCM)的细致分析表明[30]：基于扰动策略在性能上比其他两种要好，且在扰动策略中，扰动系统变量的方案比扰动控制参数的方案可以提供更好的实际效果。

假设有两个初始值分别为 $x_1(0), x_2(0)$，区间数目参数化逐段线性混沌映射分

别为 $f_1(\cdot)$ 和 $f_2(\cdot)$： $x_1(i+1)=f_1\left[x_1(i),\mu_1,l_1\right]$， $x_2(i+1)=f_2\left[x_2(i),\mu_2,l_2\right]$，其中 μ_1,μ_2 是控制参数，$\{x_1(i)\}$ 和 $\{x_2(i)\}$ 表示两条拟混沌轨道，任选初值 x_0 和参数 μ、l，为消除初值影响，将方程(4.2)迭代 $L\log_{2l}2$ 次。

定义一个伪随机比特序列如下：

$$k(i)=g\left[x_1(i),x_2(i)\right]=\begin{cases}1, & x_1(i)>x_2(i),\\ \text{null}, & x_1(i)=x_2(i),\\ 0, & x_1(i)<x_2(i).\end{cases} \tag{4.28}$$

混沌伪随机序列发生器结构如图 4.2 所示。

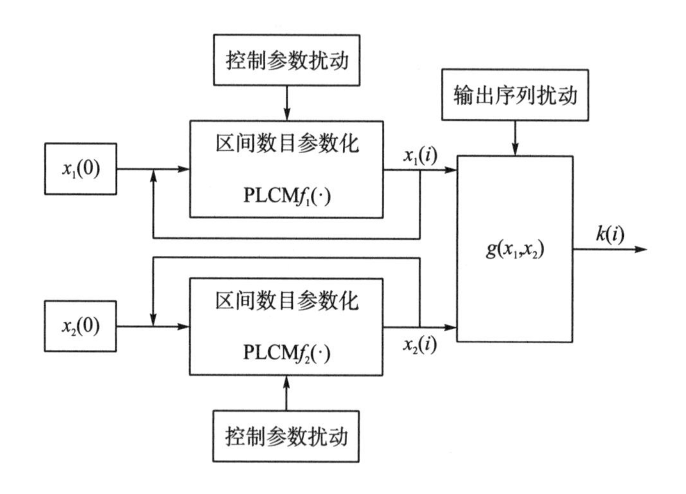

图 4.2 伪随机序列发生器结构

4.3.2 控制参数扰动策略

我们采用扰动控制参数策略来避免区间参数数字化混沌系统的动力学特性退化。设区间数目参数化 PLCM $f_1(\cdot)$ 的控制参数 μ 有 n 个不同值为 $\mu_1,\mu_2,\cdots,\mu_n$，它的变化周期为 n，即 $\mu_{i+n}=\mu_i$（$i=1,2,3,\cdots$）。

我们用 L_1 级 m-NFSR 序列的 $2^{L_1}-1$ 个状态作为混沌系统的 $2^{L_1}-1$ 个参数。为了使 m 序列状态值满足混沌参数 $0<\mu<0.5$ 的要求，令 m 的状态 $(c_1,c_2,\cdots,c_{n_p})$ 与混沌控制参数 μ 的对应关系如下：

$$\mu=c_1\times 2^{-(L_1+1)}+c_2\times 2^{-(L_1+1)+1}+\cdots+c_{n_p}\times 2^{-(L_1+1)+L_1-1}. \tag{4.29}$$

显然，μ 在 $[2^{-(L_1+1)},1/2-2^{-(L_1+1)}]$ 区间以 $2^{-(L_1+1)}$ 为间隔均匀分布，共有 $2^{L_1}-1$ 个不同的值。

为了充分利用混沌系统的特性，我们在混沌系统出现周期之前对混沌系统进行扰动，这样既实现了扰动，又充分地利用了混沌系统的性质。设混沌系统的最小周期长度为Δ_1，混沌系统在迭代过程中每隔Δ_1就改变一个状态。

同理，对于区间数目参数化 PLCM $f_2(\cdot)$的控制参数μ，我们用L_2级m-NFSR 序列对$f_2(\cdot)$的控制参数进行扰动，扰动间隔为Δ_2。

4.3.3　输出序列扰动策略

假设以上得到的混沌输出序列组成状态空间I，由于其中某些状态形成各自的周期序列，于是状态空间I分割成有限个子空间$\{I_1,I_2,\cdots,I_n\}$。一些状态较少的子空间便形成短周期。而当干扰$U(n)\neq 0$，某一子空间I_i中的状态就可能转移到其他子空间I_j中，这样输出序列的周期就会增长。当扰动为随机扰动时，输出序列的周期将可以达到任意指定的长度。

我们选取扰动信号发生器为m序列，扰动位序列表示为

$$a_{L+k}=c_1a_{L+k-1}\oplus c_2a_{L+k-2}\oplus\cdots\oplus c_La_k,\quad k=0,1,2,\cdots,\tag{4.30}$$

其中，$\oplus$表示“异或”；$\{c_1,c_2,\cdots,c_L\}$表示本原多项式$\bmod 2$产生的位序列；$\{a_0,a_1,\cdots,a_{L-1}\}$为不全为零的初值；$L$为实现精度。

扰动发生在$t=0$，每隔Δ_3次迭代之后，再发生一次扰动。扰动可以通过混沌信号和扰动信号相同位之间的“异或”运算来完成。扰动顺序从最低位到倒数第L位进行，比如，当$t=\Delta_3k$，$k=0,1,2,\cdots$时

$$g_{t+1,i}\left[x_1(i),x_2(i)\right]=\begin{cases}g_{t,i}\left[x_1(i),x_2(i)\right], & 1\leqslant i\leqslant (P-L),\\ a_{k+P+1-i}\oplus g_{t,i}\left[x_1(i),x_2(i)\right], & (P-L+1)\leqslant i\leqslant P,\end{cases}\tag{4.31}$$

其中，$g_{t,i}\left[x_1(i),x_2(i)\right]$表示$g\left[x_1(i),x_2(i)\right]$的第$i$位。当$t\neq\Delta_3k$时，比如在每个$\Delta_3$间隔内，没有扰动发生，$g_{t+1,i}\left[x_1(i),x_2(i)\right]=g_{t,i}\left[x_1(i),x_2(i)\right]$。

4.4　伪随机序列性能分析

当满足以下 R1～R4 条件时[69]，图 4.2 的伪随机序列发生器产生的$\{k(i)\}$满足下述伪随机序列特性：①$\{0,1\}$上的平衡性；②长循环周期性；③高线性复杂度和理想的相关特性。

R1　$F_1(x_1,p_1)$和$F_2(x_2,p_2)$是定义在同一个区间$I=[a,b]$上的满混沌映射。

R2　$F_1(x_1,p_1)$和$F_2(x_2,p_2)$在I上的遍历，具有唯一的不变分布函数$f_1(x)$和

$f_2(x)$。

R3 满足下列两个条件之一：$f_1(x)=f_2(x)$；或者 $f_1(x)$，$f_2(x)$ 都关于 $x=(a+b)/2$ 偶对称。

R4 当 $i\to\infty$ 时，$\{x_1(i)\},\{x_2(i)\}$ 渐近独立。

4.4.1 0-1 平衡性

定理 4.4.1 如果两个混沌映射满足前面提出的条件 R1～R4，我们可以得到 $p\{k(i)=0\}=p\{k(i)=1\}$，即 $k(i)$ 在 $\{0,1\}$ 上是平衡的。

证明：由于 $F_1(x_1,\mu_1)$ 和 $F_2(x_2,\mu_2)$ 在 $I=[a,b]$ 上是遍历的（条件 R2），对于几乎所有的初始条件，生成的混沌轨道都将得到相同的分布函数 $f_1(x),f_2(x)$。由条件 R4，混沌轨道 $\{x_1(i)\},\{x_2(i)\}$ 是渐近独立的，因此随着 $i\to\infty$，$x_1>x_2$ 和 $x_1<x_2$ 的概率为

$$p\{x_1>x_2\}=\int_a^b\int_a^x f_1(x)f_2(y)\mathrm{d}y\mathrm{d}x. \tag{4.32}$$

$$p\{x_1<x_2\}=\int_a^b\int_a^x f_2(x)f_1(y)\mathrm{d}y\mathrm{d}x. \tag{4.33}$$

当条件 R3 成立时，我们可以证明 $p\{x_1>x_2\}=p\{x_1<x_2\}$.

R3-1 $f_1(x)=f_2(x)=f(x)$：

$$p\{x_1>x_2\}=p\{x_1<x_2\}=\int_a^b\int_a^b f(x)f(y)\mathrm{d}y\mathrm{d}x. \tag{4.34}$$

R3-2 $f_1(x),f_2(x)$ 都关于 $x=(a+b)/2$ 偶对称：

定义 x_1,x_2 的镜像轨道为 $x_1'=b-x_1,x_2'=b-x_2$。由 $f_1(x),f_2(x)$ 的对称性，x_1',x_2' 将具有相同的分布 $f_1(x),f_2(x)$，然后可得

$$p\{x_1>x_2\}=p\{x_1'<x_2'\}=\int_a^b\int_a^{x'} f_2(x')f(y')\mathrm{d}y\mathrm{d}x=p\{x_1<x_2\}. \tag{4.35}$$

考虑到 $x_1>x_2\to k(i)=1$，还有 $x_1<x_2\to k(i)=0$，我们有 $p\{x_1>x_2\}=p\{x_1<x_2\}\Rightarrow p\{k(i)=0\}=p\{k(i)=1\}$。证毕。

显然，上述推导过程还是基于连续混沌系统的。当混沌系统以扰动策略数字化实现时，每条拟混沌轨道将不时地被小扰动信号扰动到一个相邻拟轨道上去。这样的结果就是，几乎所有的轨道都趋向于 $f_1(x),f_2(x)$ 的离散版本（带有一点平滑效果）。对于 $f_1(x),f_2(x)$ 的离散版本，将上述推导中的 $\int$ 替代为 $\sum$，结论仍然近似成立：方程(4.32)和方程(4.33)被替代为

$$p\{x_1>x_2\}=\sum_{x=a}^{b}\sum_{y=a}^{x}p_1\{x_1=x\}\cdot p_2\{x_2=y\} \tag{4.36}$$

和

$$p\{x_2 > x_1\} = \sum_{x=a}^{b}\sum_{y=a}^{x} p_2\{x_1 = x\}\cdot p_1\{x_2 = y\}. \tag{4.37}$$

当图 4.2 伪随机序列发生器扰动策略实现时，x_1, x_2 相对 $x = 1/2$ 近似对称，我们可以得到下述结论：$p\{x_1 > x_2\} \approx p\{x_1 < x_2\}$。因此，对于带有扰动的数字化伪随机序列发生器，平衡性仍然近似保持。

4.4.2　长周期循环

图 4.2 中伪随机序列发生器采用控制参数扰动策略，假设两个 m 序列阶数分别为 L_1, L_2，扰动间隔分别为 Δ_1, Δ_2。则 $\sigma_1\Delta_1\left(2^{L_1}-1\right), \sigma_2\Delta_2\left(2^{L_2}-1\right)$ 是两个正整数。因而，比特序列 $\{k(i)\}$ 的循环周期将为

$$\mathrm{lcm}\left[\sigma_1\Delta_1\left(2^{L_1}-1\right), \sigma_2\Delta_2\left(2^{L_2}-1\right)\right], \tag{4.38}$$

当 Δ_1, Δ_2 和 L_1，L_2 满足条件 $\gcd\left(\Delta_1, \Delta_2\right) = 1$ 和 $\gcd\left(2^{L_1}-1, 2^{L_2}-1\right) = 1$ 时，$\{k(i)\}$ 的循环周期为

$$\mathrm{lcm}\left(\sigma_1, \sigma_2\right)\Delta_1\Delta_2\left(2^{L_1}-1\right)\left(2^{L_2}-1\right) \approx \mathrm{lcm}\left(\sigma_1, \sigma_2\right)\Delta_1\Delta_2 2^{L_1+L_2}. \tag{4.39}$$

对于输出序列的扰动策略，设伪随机序列发生器迭代 t_0 次之后，进入周期为 T 的状态。比如 $x_{t+T,i} = x_{t,i}$（对于 $t > t_0, 1 \leqslant i \leqslant P$），以及 $t' = m'\Delta_3 > t_0$（m' 是正整数），所以有 $x_{t'+T+1,i} = x_{t'+1,t}$（对于 $1 \leqslant i \leqslant P$）。如果 $T \neq m\Delta_3$（m 是正整数），由式(4.31)可得 $g_{t'+T,i}\left[x_1(i), x_2(i)\right] = g_{t',i}\left[x_1(i), x_2(i)\right] \oplus a_{m'+P+1-i}$（对于 $P - L + 1 \leqslant i \leqslant P$）。因为周期 T 表示 $g_{t'+t,i}\left[x_1(i), x_2(i)\right] = g_{t',i}\left[x_1(i), x_2(i)\right]$（对于 $1 \leqslant i \leqslant P$），于是有 $a_{m'+P+1-i} = 0$（对于 $P - L + 1 \leqslant i \leqslant P$）。因为初始序列 $\{a_0, a_1, \cdots, a_{L-1}\}$ 不全为零，前面情况不会发生。这就表示我们只有 $T = m\Delta_3$，意味着 $g_{t'+T,i}\left[x_1(i), x_2(i)\right] \oplus a_{m+m'+P+1-i} = g_{t',i}\left[x_1(i), x_2(i)\right] \oplus a_{m'+P+1-i}$（对于 $P - L + 1 \leqslant i \leqslant P$）。结果发现 $a_{m+m'+P+1-i} = a_{m'+P+1-i}$（对于 $P - L + 1 \leqslant i \leqslant P$）。这就表示 $m = \sigma_3(2^L - 1)$（σ_3 为正整数）。因此采用伪随机序列的扰动策略时，图 4.2 中伪随机序列发生器的周期为

$$T = \sigma_3\Delta_3(2^L - 1). \tag{4.40}$$

因为图 4.2 中伪随机序列发生器同时采用混沌系统控制参数扰动策略和输出序列扰动策略，那么整个系统产生伪随机序列的周期为

$$\mathrm{lcm}\left(\sigma_1, \sigma_2\right)\Delta_1\Delta_2 2^{L_1+L_2} + \sigma_3\Delta_3(2^L - 1), \tag{4.41}$$

其中，L_1, L_2 为 m-LFSR 的阶数；L 为实现精度。这样的一个循环周期对于大多数应用来说已足够了。

4.4.3 复杂度和相关特性

实际上，条件 R4 和$k(i)$的平衡性暗示：随着$i \to \infty, \{k(i)\}$趋向于一个独立同分布的比特序列。因此，该序列应该具有类似$\delta(\cdot)$的自相关和接近 0 的互相关。另外，已知独立同分布二进制序列的线性复杂度大约为其长度的一半[79]，因此$\{k(i)\}_{i=1}^{n}$的线性复杂度将为$n/2$。

4.5 伪随机序列性能仿真实验

本节我们将通过仿真实验来进一步验证图 4.2 的伪随机序列发生器具有理想的伪随机序列性能。

在仿真实验中，控制参数扰动策略的 m-LFSR 的阶数$L_1 = 7$，L_2 =9，其对应的本原多项式分别为：$x^7 + x^3 + 1$和$x^{11} + x^2 + 1$；扰动幅度$\Delta_1 = \Delta_2 = 9$，输出序列扰动策略的实现精度为$L_3 = 10$，$\Delta_3 = 9$；区间数目参数化 PLCM $f_1(\cdot)$的初值为$x_1(0)$ =0.68，PLCM $f_2(\cdot)$的初值$x_2(0) = 0.34$，$f_1(\cdot)$和$f_2(\cdot)$的区间数目取最优值 3。

4.5.1 0-1 平衡性检验

本算法输出的伪随机序列的随机性好，在整个状态空间服从均匀分布的特点。我们取不同的序列长度，表 4.1 中的实验数据表明序列中“1”与“0”的数目几乎趋于平衡。

对实验数据进行自由度为 1 的χ^2检验，显著性水平为 5%，对应的χ^2值为 3.841。构造统计量：

$$\chi^2 = \frac{(n_0 - n_1)^2}{N} \tag{4.42}$$

式中，n_i表示序列取值i的个数。如果该统计量的值小于 3.841，则该序列通过检验。对 200 组长度均为$N = 10\,000$的混沌伪随机序列进行检验，序列通过率为 99.3%。实验表明输出伪随机具有很好的平衡性。

表 4.1　混沌伪随机序列平衡性实验

分项统计	序列长度 N						
	10 000	20 000	30 000	40 000	50 000	100 000	200 000
0 的个数	4 920	9 885	14 920	19 965	25 050	50 026	99 910
1 的个数	5 080	10 115	15 080	20 032	24 950	49 974	100 090
不平衡度/%	0.016 0	0.011 5	0.005 3	0.001 25	−0.002	−0.000 52	0.000 1

4.5.2　序列检验

序列检验用来判定转移概率是否合理，即出现相同和不相同相邻元素的概率大致相等。令 n_{00} 表示 00 的个数，n_{11} 表示 11 的个数，n_{10} 表示 10 的个数，n_{01} 表示 01 的个数。

已证明：统计量

$$\chi^2 = \frac{4}{n-1}\sum_{i=0}^{1}\sum_{j=0}^{1}(n_{ij})^2 - \frac{2}{n}\sum_{i=0}^{1}(n_i)^2 + 1. \tag{4.43}$$

对于自由度为 2 的 χ^2 分布，可得到对应于 5%显著性水平的 χ^2 值是 5.991。对 200 组长度均为 $N = 10\,000$ 的伪随机序列(每组序列对应不同的初值)进行检验，通过率均为 99.5%。

4.5.3　游程特性

我们对输出的伪随机序列分别取不同值进行游程特性实验，结果见表 4.2。按 Golomb 提出的公设，d 游程的个数应占总游程个数的$1/2^d$，从表中发现输出伪随机序列的游程特性接近于 Golomb 提出的随机公设 2。

表 4.2　混沌伪随机序列游程特性

分项统计	序列长度 N					
	128	256	512	1 024	2 048	4 096
1 游程	0.501 3	0.500 2	0.500 0	0.499 8	0.499 9	0.499 9
2 游程	0.250 4	0.248 5	0.248 9	0.250 7	0.250 4	0.250 3
3 游程	0.124 1	0.124 8	0.123 3	0.123 1	0.124 4	0.124 2
4 游程	0.058 2	0.062 7	0.062 4	0.061 8	0.061 8	0.062 6
5 游程	0.030 8	0.030 1	0.032 3	0.031 7	0.031 9	0.031 2

4.5.4 相关特性

我们对输出的伪随机序列进行相关特性检测，取序列长度为 2000，相关间隔为-500～500，其非周期自相关与互相关特性如图 4.3 所示。由实验结果看出，输出的伪随机序列具良好的自相关特性和很小的互相关值。

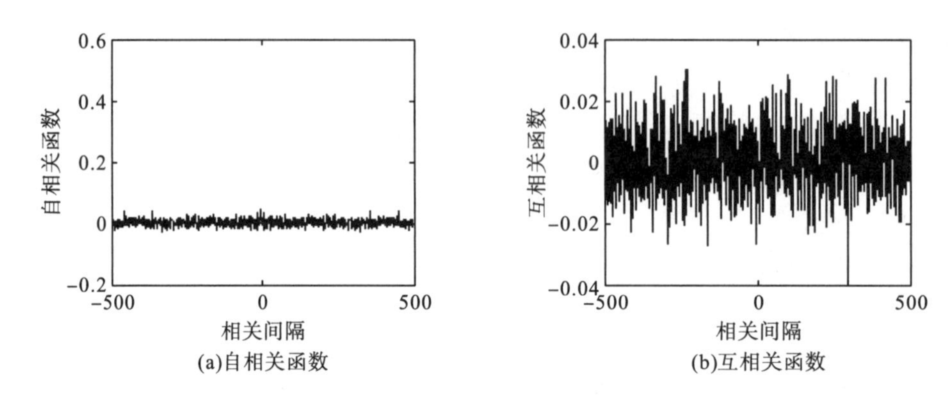

图 4.3 伪随机序列的相关函数

此外，我们还计算了输出混沌伪随机序列的奇/偶互相关函数，结果见图 4.4。从图中可以看出，输出混沌伪随机序列的奇互相关函数、偶互相关函数都接近于零。

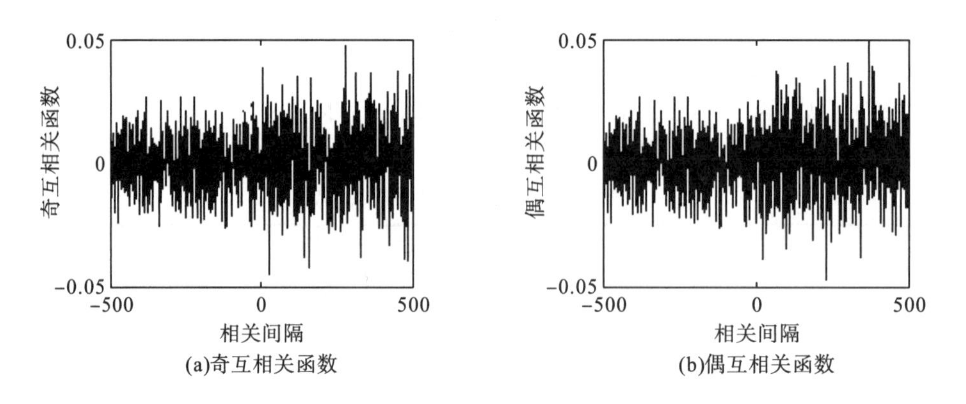

图 4.4 伪随机序列奇/偶互相关函数

4.5.5 线性复杂度

此处我们应用 Berlekamp-Massey 算法来计算输出混沌伪随机序列的线性复杂度，结果如表 4.3 所示。从表我们得知，输出混沌伪随机序列都具有理想的线性复杂度，即 $L \approx N/2$。

表 4.3　混沌伪随机序列线性复杂度

线性复杂度	序列长度 N						
	256	512	1 024	2 048	4 096	8 192	16 384
输出序列	129	255	512	1 023	2 048	4 096	8 192

4.6 本 章 小 结

本章利用区间数目参数化 PLCM 良好的密码学特性和运算速度快的特点，设计一种基于区间数目参数化的混沌伪随机序列发生器，该方法可以有效地克服混沌动力系统的特性退化。用理论分析与计算机仿真实验相结合的方法对混沌序列的随机性、平衡性、相关性和线性复杂度等特性进行系统的研究，分析结果表明，输出的混沌伪随机序列都具有十分理想的随机特性和相关性能。由于混沌序列的产生非常方便，数量众多，因此可以用来替代 *m*-序列，以满足 CDMA 通信对大容量的需求。混沌序列的线性复杂度高，不易破译，因此除了用于扩频通信之外，还可以作为传统密码学中的密钥来使用。

本章的一些结论和实验数据对混沌扩频序列的应用研究和设计具有一定的指导作用。考虑到计算机存在字长效应，因此本章进一步的研究工作是计算精度与周期性、相关性、序列长度等之间的关系。本章的部分内容已经在《通信学报》和《计算机科学》杂志上发表。

第 5 章　一种基于混沌动态 S 盒的快速序列密码算法

5.1　密码学的基本概念

密码学是研究密码系统或通信安全的一门学科。通过采用密码技术对信息进行编码可以隐蔽和保护需要保密的信息，将数据变成不可读的格式，防止数据在存储或传输过程中被篡改、删除、替换等，从而实现消息的保密性、完整性和可认证性。

一个完整的密码体制可由一个五元组 (M,C,K,E_{ke},D_{kd}) 来描述。M 是所有可能的明文组成的有限集，称为明文空间；C 是所有可能的密文组成的有限集，称为密文空间；K 代表密钥空间，是由所有可能的密钥组成的有限集；设 m 是明文空间中的任意一个明文，对任意的加密密钥 $ke \in K$ 和相应的解密密钥 $kd \in K$，都存在一个加密法则 E_{ke} 和相应的解密法则 D_{kd}，并且有 $D_{kd}(E_{ke}(m)) = m$。如果一个密码系统的加密密钥与解密密钥相同或者可以由其中一个推算出另一个，则称其为对称密钥密码系统或单密钥密码系统；否则，称其为非对称密钥密码系统、双密钥密码系统或公开密钥密码系统。

5.1.1　对称密钥密码系统

对称密钥密码系统的模型如图 5.1 所示[80]。

对称密钥密码中，加密过程为

$$Y = E_K(X). \tag{5.1}$$

相应地，解密过程为

$$X = D_K(Y). \tag{5.2}$$

加密解密函数具有下面的特性

$$X = D_K(E_K(X)). \tag{5.3}$$

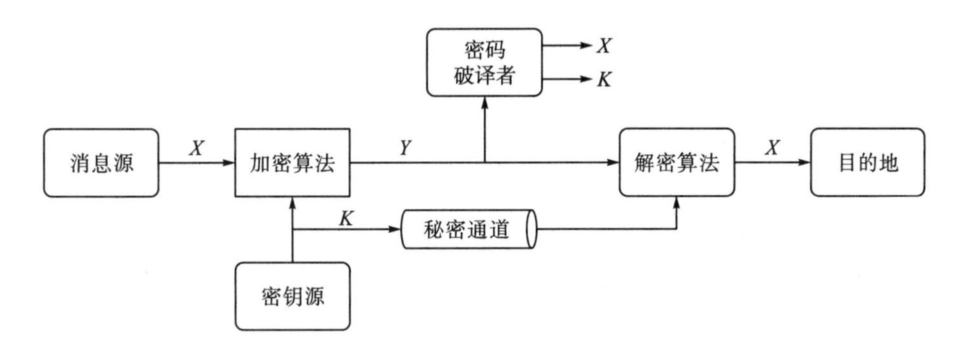

图 5.1　对称密钥密码系统的模型

根据明文消息的加密形式的不同，对称密钥密码又可以分为两大类：分组密码(block cipher)和序列密码(stream cipher)。分组密码就是将明文分成固定长度的组，比如 64 比特为一组，用同一密钥和算法对每一组加密，输出也是固定长度的密文。序列密码是将消息分成连续的符号或比特：$m = m_0, m_1, \cdots$，用密钥流 $k = k_0, k_1, \cdots$ 的第 i 个元素 k_i 对 m_i 加密，即存在 $E_K(m) = E_{k0}(m_0), E_{k1}(m_1), \cdots$。

对称密钥密码的安全性是基于密钥的安全性，而不是基于算法细节的安全性。这就意味着算法可以公开，也可以被分析，可以大量生产使用该算法的产品，只要保管好具体的密钥，他人就无法阅读你的信息。

对称密钥密码存在的最主要问题是密钥的管理与分发，由于加/解密双方要使用相同的密钥，因此在发送、接收数据之前，必须完成密钥的分发。如何保证可靠、安全地进行大范围、随机变化环境下的密钥分发便成了对称密钥体制中最薄弱，也是风险最大的环节。然而，单密钥系统具有加密速度快和安全强度高的优点，在军事、外交、金融以及商业应用等领域中仍被广泛地使用。

5.1.2　公开密钥密码系统

公开密钥密码系统正是在试图解决对称密钥密码系统碰到的难题的过程中发展起来的。1976 年公开密钥密码系统的建立，被称为密码学历史上的一次最伟大的革命。

公开密钥密码系统的最大特点是采用两个不同但相关的密钥分别进行加密和解密，其中一个密钥是公开的，称为公开密钥；另一个密钥是用户私人专用，是保密的，称为秘密密钥。公开密码算法有以下重要特性：已知密码算法和加密密钥，要想确定解密密钥，在计算上是不可能的。公开密钥密码系统的模型如图 5.2 所示[80]。

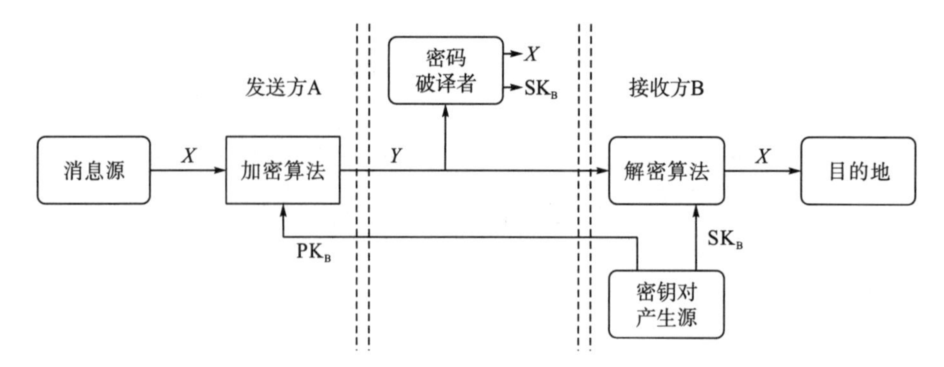

图 5.2 公开密钥密码系统的模型

在该模型中，要求：

①接收方B容易通过计算产生出一对密钥(公开密钥$\mathrm{PK_B}$和秘密密钥$\mathrm{SK_B}$)；

②发送方A用接收方的公开密钥$\mathrm{PK_B}$对消息X加密产生密文Y，即$Y=E_{\mathrm{PK_B}}(X)$在计算上是容易实现的；

③接收方B用自己的秘密密钥对Y解密，即$X=E_{\mathrm{PK_B}}(Y)$在计算上是容易实现的；

④密码破译者由B的公开密钥$\mathrm{PK_B}$求秘密密钥$\mathrm{SK_B}$在计算上是不可行的；

⑤密码破译者由密文Y和B的公开密钥$\mathrm{PK_B}$恢复出明文X在计算上是不可行的；

⑥加密、解密次序可交换，即$E_{\mathrm{PK_B}}(D_{\mathrm{PK_B}}(X))=D_{\mathrm{SK_B}}(E_{\mathrm{PK_B}}(X))$。

其中，最后一条非常有用，但不是对所有的算法都有此要求。以上要求本质上是要寻找一个单向陷门函数f_k，满足：

①当已知k和X时，$Y=f_k(X)$易于计算；

②当已知k和Y时，$X=f_k^{-1}(Y)$易于计算；

③当Y已知但k未知时，$X=f_k^{-1}(Y)$在计算上不可行。

公开密钥密码系统安全性的基础一般都依赖于数学中的某个困难性问题，在加解密过程中，往往涉及大量的复杂运算，因此比起对称密钥密码系统速度要慢得多。它的主要用途是用于密钥交换、数字签名，而不直接用来加密数据。

5.1.3 密码分析类型

密码分析学是研究如何破译密码的科学，其目的就是要找到消息X或/和密钥K。密钥破译者所使用的策略取决于加密方案的性质以及可供破译者使用的信息。一般情况下，我们都假设破译者知道正在使用的密码算法，这个假设称为Kerckhoff假设。主要存在以下两类攻击[81]：

1.对加密方案的攻击

最常用的密码分析攻击方法有以下几类[1-2, 82]，其攻击强度是依次递增的。

(1) 唯密文攻击(ciphertext only attack)。

(2) 已知明文攻击(known plaintext attack)。

(3) 选择明文攻击(chosen plaintext attack)。

(4) 选择密文攻击(chosen ciphertext attack)。

2.对密码协议的攻击

(1) 已知密钥攻击：对手从用户以前用过的密钥确定出新的密钥。

(2) 重放攻击：对手记录一次通信会话，在以后的某个时候重新发送整个或部分会话。

(3) 伪装攻击：对手扮演网络中一个合法的实体。

(4) 字典攻击：主要针对口令的一种攻击。

5.2　密码系统的安全理论

密码系统的安全性是密码学研究中的主要问题。一个密码系统的安全性是基于密钥的安全性，而不是依赖于密码系统的加密体制或算法的保密。密码系统的安全性有两种标准：一种是理论安全性，另一种是实际安全性，这两种安全性只针对唯密文攻击。以下将分别阐述。

5.2.1　完全保密系统

完全保密性又称为无条件安全性，是指具有无限计算资源(如时间、空间、设备和资金等)的密码分析者也无法破译该系统。研究密码系统的无条件安全性不能用计算复杂性的观点来研究，而一般采用概率的观点。

假设一个密码系统 (M,C,K,E_{ke},D_{kd}) 具有有限的明文空间 $M=\{m_1,m_2,\cdots,m_n\}$ 和有限的密文空间 $C=\{c_1,c_2,\cdots,c_n)$。明文 m_i 和密文 c_i 分别以 $p(m_i)$、$p(c_j)$ 的概率出现。在收到密文 c_j 的条件下发送明文 m_i 的条件概率为 $p(m_i\mid c_j)$。

定义 5.2.1[29]　一个密码系统 (M,C,K,E_{ke},D_{kd}) 称为完全保密或无条件保密系统，则 $p(m_i \mid c_j)=p(m_i)$。

定义 5.2.1 表明，对于完全保密的密码系统，密码分析者截获的密文并不能帮助其得到比信源先验概率更多的信息，这是一种非常理想的密码系统。

引理 5.2.1[29] 一个密码系统完全保密的充要条件为对所有 $m_i \in M$， $c_j \in C$，有 $p(c_j \mid m_i)=p(c_j)$。

定理 5.2.1[83] 若一个密码系统的明文数、密文数和密钥数目都相等，则该密码系统完全保密的充要条件是：①每个明文恰好有一个密钥将其加密为一个密文；②所有密钥的选取是等概率的。

定理 5.2.1 表明完全保密的密码系统是存在的。一次一密钥系统就是完全保密的，但是这种密码系统并不实用，由于所需的密钥量等于所有明文的数量，对于这样巨大的密钥量的分配和管理是不现实的。在密码学中，绝大多数密码系统是不完全保密的。对于这些系统，可由信息论中的熵来度量。

5.2.2 密码系统的理论安全性

定义 5.2.2[29] 对于一个密码系统 (M,C,K,E_{ke},D_{kd})，明文熵定义为

$$H(M)=-\sum_{m\in M} p(m)\log p(m), \tag{5.4}$$

密钥熵定义为

$$H(K)=-\sum_{k\in K} p(k)\log p(k), \tag{5.5}$$

其中， $p(m)$ 和 $p(k)$ 分别为明文 m 在明文空间 M 和密钥 k 在密钥空间 K 中出现的概率。

明文熵反映了从明文空间 M 中取一明文发送给接收者的不确定测度，密钥熵则意味着从密钥空间 K 中选取密钥的不确定测度。但是在实际情况中，密码分析者还拥有其一定数量的密文信息，因此还要考虑在已获得某些密文的条件下，对发送某些明文或使用某一密钥的不确定测度。 X^t 和 Y^n 分别表示明文空间所有长度为 t 的明文和密文空间中所有长度为 n 的密文构成的集合，定义明文的疑义度和密钥的疑义度分别为

$$H(X^t \big| Y^n)=-\sum_{\substack{m\in X^t\\ c\in Y^n}} p(c,m)\log p(m\big|c), \tag{5.6}$$

$$H(K \mid Y^n)=-\sum_{\substack{k\in K\\ c\in Y^n}} p(c,k)\log(k \mid c), \tag{5.7}$$

其中， $p(c,m)$ 是发送明文为 m，收到密文为 c 的概率； $p(m \mid c)$ 是已知密文 c 后明文 m 被发送的后验概率； $p(c,k)$ 是密文为 c 且加密密钥为 k 的概率； $p(k \mid c)$ 是已

知密文 c 的条件下密钥为 k 的概率。明文疑义度 $H(X^t|Y^n)$ 和密钥疑义度 $H(K|Y^n)$ 分别表示在截获 t 长度密文后关于明文和密钥的不确定性。$H(X^t|Y^n)$ 和 $H(K|Y^n)$ 均是 n 的非增函数，因此随着截获密文的增多，获得关于明文和密钥的信息量就会增多，关于明文空间和密钥空间的不确定性就会减少。若 $H(X^t|Y^n)=0$，则表示由密文已经可以完全确定明文。同样，若 $H(K|Y^n)=0$，则密钥就唯一确定。

定义 5.2.3　一个密码系统的唯一解距离 N 定义为使 $H(K|Y^n)=0$ 的最小正整数 n。

唯一解距离是度量系统安全性的一个指标，它表示唯一确定破译加密所用密钥至少所需要截获密文的长度。对于一般的密码系统，计算唯一解距离常常是非常困难的。如果一个密码系统不存在唯一解距离，即 $H(K|Y^n)\neq 0$，这样的密码系统称为理想密码系统，因为截获更多的密文并未能消除关于密钥的不确定性。

5.2.3　密码系统的实际安全性

由以上介绍可以知道，对于给定的密码，唯一解距离 N 表明，当截获的密文数量大于 N 时，原则上可唯一确定系统所使用的密钥，但是这种情况是假设密码分析者拥有无限的资源。但是实际上，密码分析者可利用的资源总是有限的。一旦破译一种密码所需要的代价超出了破译该密码所得信息的价值，或者密码分析者破译成功的时间超出了所得信息的有效期，这种破译是徒劳的。在资源有限的条件下，研究一个密码系统的安全性，被称为密码系统的实际安全性。

在实际条件下，一个理论上不安全的密码系统可能提供实际所需的安全性。另一方面，一个理论上安全的密码系统，实际上也可能不安全，因为理论上安全是在唯密文攻击下并且忽略了许多很重要的因素得出的结论，实际上由于密钥管理的复杂性、自然语言的冗余度和密码分析者可能得到明文-密文对等因素使得密码分析者可以破译理论上安全的系统。

现代密码系统的设计建立在某个或某类数学难题的基础上，使得一个密码系统的实际安全性大小就取决于求解这些数学问题的难易程度。

5.3　混沌理论与密码学的关系

Shannon 早在其经典文章[24]中就已将类似于混沌理论具有的如混合、初值参数敏感性等基本特性应用到密码学中，并提出了密码学中用于指导密码设计的两个基本原则：扩散(diffusion)和扰乱(confusion)。扩散是将明文冗余度分散到密文中使之分散开来，以便隐藏明文的统计结构，实现方式是使明文的每一位影响密文中多位的值。扰乱则是用于掩盖密钥和密文之间的关系，使密钥和密文之间的统计关系变得尽可能复杂，导致密码攻击者无法从密文推理得到密钥。

混沌的轨道混合(mixing)特性(与轨道发散和初值敏感性直接相联系)对应于传统加密系统的扩散特性，而混沌信号的类随机特性和对系统参数的敏感性对应于传统加密系统的扰乱特性[84]。可见，混沌具有的优异混合特性保证了混沌加密器的扩散和扰乱作用可以和传统加密算法一样好。

目前还没有建立一套关于混沌与密码学深层次关系的理论。它们之间最重要的区别在于：密码学系统工作在有限离散集，而混沌却工作在连续实数集。表 5.1 给出了混沌系统与传统密码算法的相似点与不同之处[84]。由于传统加密系统建立了一套分析系统安全性和加密系统性能的理论，密钥空间的设计方法和实现技术亦比较成熟，从而能保证系统的安全性[71]。而目前混沌加密系统缺少这样一个评估算法安全性和性能的标准，这恐怕是混沌加密算法现阶段还不能被广泛采纳和接受的一个重要原因。

通过类比研究混沌理论与密码学，可以彼此借鉴各自的研究成果，促进共同的发展[85]。一方面，混沌动力学中的一些物理量，可能成为密码安全性的一种标度，比如：在混沌动力学中，Lyapunov 指数能有效地表示相空间内邻近轨道的平均指数发散率，而基于混沌动力学与密码学的类比研究，可以尝试将 Lyapunov 指数的概念应用到加密系统中去有效地测度密码的发散程度；在混沌动力学中，Kolmogorov 熵可以有效地表示信息在加密过程中信息量的损失速率，可以尝试应用 Kolmogorov 熵的概念来有效地标度迭代密码系统中迭代轮数的确定；一些具有良好密码特性的混沌变换还可以作为密码变换的候选者。另一方面，一些典型的密码分析工具也可以用于混沌理论的分析。由于密码学设计中十分强调引入非线性变换，因而可以肯定地说，混沌等非线性科学的研究成果将极大地促进密码学的发展。

表 5.1 混沌理论与密码学的相似与不同之处

	混沌理论	传统密码学
相似点	对初始条件和控制参数的极端敏感性	扩散
	类似随机的行为和长周期的不稳定轨道	伪随机信号
	混沌映射通过迭代，将初始域扩散到整个相空间	密码算法通过加密轮数产生预期的扩散和混乱
	混沌映射的参数	加密算法的密钥
不同点	混沌映射定义在实数域内	加密算法定义在有限集上
	—	密码系统安全性和性能的分析理论

关于如何选取满足密码学特性要求的混沌映射是一个需要解决的关键问题。Kocarev 等[84]给出了这方面的一些指导性建议。选取的混沌映射应至少具有如下三个特性：混合特性(mixing property)、鲁棒性(robust)和具有大的参数集(large parameter set)。需要指出的是具有以上属性的混沌系统不一定安全，但不具备上述属性则得到的混沌加密系统必然是脆弱的。

(1)混合特性：将明文看作初始条件域，则混合属性是指将单个明文符号的影响扩散到许多密文符号中去，显然，该属性对应密码学中的扩散属性。具有混合属性的系统具有较好的统计特性，当迭代次数 $n \to \infty$ 时，密文的统计性质不依赖于明文的统计性质，从而由密文的统计结构不能得到明文的结构。

(2)鲁棒性：鲁棒性是指在小的参数扰动下，混沌系统仍保持混沌状态，从而可以确保它的密钥空间的扩散属性。但是，一般来讲大多数混沌吸引子不是结构稳定的，而基于非鲁棒系统的算法将会出现弱密钥。

(3)大的参数集：密码系统安全性的一个重要衡量指标是 Shannon 熵，即密钥空间的测度，在离散系统中常用 $\log_2 K$ 近似，其中 K 为密钥的数目。因而，动力系统的参数空间越大，离散系统中相应的 K 就越大。

综上所述，选择混沌系统时，我们应该考虑在大的参数集中具有鲁棒混合属性的系统。

5.4　混沌序列密码研究进展

1989 年，英国学者 Robert 首次明确提出“混沌密码”[14]并得到广泛关注，他给出了一种基于变形 Logistic 映射的混沌序列密码方案。其文章发表以后，在密码学领域掀起了一次关于混沌密码的研究热潮并持续了约四年时间，Habutsu 在 1991 年欧洲密码学会上发表的文章[16]是这期间比较有代表性的文章。之后的几年，这个方向的研究有所沉寂，只有很少量的文章发表。1997 年以后，混沌密码开始了新的一轮研究热潮。后来，涌现出数目众多的混沌密码学研究成果，其中还出现了几篇关于混沌密码的综述性文献[86-88]。

总体上看，混沌密码有两种通用的设计思路：①用混沌系统生成伪随机密钥流，该密钥流直接用于掩盖明文；②使用明文和/或密钥作为初始条件和/或控制参数，通过迭代/反向迭代多次的方法得到密文。前者对应于流密码，后者对应于分组密码。

将混沌应用于流密码的设计主要有两种方式：一种是以混沌为基础设计伪随机数发生器(PRNG)，另一种是利用混沌逆系统设计流密码。

2000 年以后有许多研究集中在使用混沌系统构造伪随机数发生器和对其性能

进行分析[37-42]。对于连续混沌系统而言，很多混沌伪随机序列已经被证明具有优良的统计特性。当前两类主要的生成混沌伪随机数的方法是：①抽取混沌轨道的部分或全部二进制比特[37, 38]；②将混沌系统的定义区间划分为 m 个不相交的子区域，给每个区域标记一个唯一的数字 0～m-1，通过判断混沌轨道进入哪个区域来生成伪随机数[39, 40]。在大部分基于混沌伪随机数发生器的流密码中，使用的只是单个混沌系统。迄今为止，已经有很多不同的混沌系统被采用，如 Logistic 映射、Chebyshev 映射、分段线性混沌映射、分段非线性混沌映射，等等。为了增强安全性，可以考虑使用多个混沌系统或者使用较为复杂的混沌系统。

文献[86, 87]详细研究了利用混沌逆系统设计流密码的一般结构及其密码分析，从整体上看，密文被反馈回来经过处理以后再直接用于掩盖(采用模加操作)明文，既与上面介绍的基于混沌伪随机数发生器的序列密码有相似之处，又借鉴了分组密码的 CBC 工作模式。文献[89-91]提出了几种具体的基于混沌逆系统的序列密码方案，它们的结构可用一个统一的式子来表示：$y(t)=u(t)+f_e[y(t-1),\cdots,y(t-k)]\bmod 1$，其中 $u(t),y(t)$ 分别表示明文和密文，$f_e(\cdot)$ 是一个从反馈密文生成掩盖明文的伪随机密钥流的 k 元函数。

在传统密码流加密体制中，流密码强度完全依赖于密码流产生器所生成序列的随机性(randomness)和不可预测性(unpredictability)，也就是说流密码体制安全的核心问题是密钥流生成器的设计。由于混沌序列是一种非线性序列，其结构复杂，分布上不符合概率统计学原理，难以分析、重构和预测。目前只能在特殊的条件下对一些混沌系统进行重构，理论上还没有较好的一般性方法。因此混沌系统被广泛地用于信息加密。但是，混沌密码系统的研究整体上还处于起步阶段，目前还没有形成一套评估混沌密码算法安全性的标准，在混沌密码系统的安全性、复杂性分析方面，需要做的工作还有很多。

5.5 目前混沌序列码存在的问题

不论是混沌分组密码还是混沌序列密码，它们的共同点都是利用混沌映射产生伪随机序列来构造的。然而，Wheeler 等[92, 93]指出当混沌系统用有限精度的计算机来实现时，数字化的混沌系统表现出许多明显的混沌动力学退化行为。它们的数字动力学行为也远不如连续混沌系统的动力学行为，如非常短的周期、依赖于特定的数字精度等。假设采用定点运算，并且有限精度为 L 位(设为二进制)，则混沌系统的性能将由于以下两个原因而降低：①整个系统中，只有 2^L 有限个离散值表示混沌轨道。因此，混沌序列的周期将小于等于 2^L。②计算机的量化误差使混沌轨道的性能也远不如理论值[94]。为此，文献[70]总结了克服混沌动力学退化的方法：使用更高的有限精度[92, 93]，级联多个数字化混沌系统[95]，以及数字化混沌系统的伪随机序列扰动，其中基于扰动办法得到较多研究。

然而，很多研究者在设计数字化混沌密码时(完全)忽略了加解密速度问题，从而导致设计出来的混沌密码以非常慢的速度运行。比如，Baptista 在文献[95]中提出的密码，加密每个明文至少需要 $N_0 = 250$ 次混沌迭代。文献[96]设计了一种基于动态 S 盒的加密算法，该算法一次可以加密 10 个明文分组(每个分组 32 字节)，需要迭代混沌映射 8192 次，效率还是不高。如果混沌密码不能提供足够高的加解密速度(即便可以提供优秀的密码学特性)，从密码学的角度看它们也会变得价值不大，因为在传统密码学中已有太多的密码方案可以同时提供高安全性和快速加解密[2, 82, 83, 97]。

仔细研究已经提出的数字化混沌密码，我们发现下面的几个和加解密速度相关的事实[70]：

(1)很多数字化混沌密码采用了多次迭代加密一个明文单元，这急剧降低了加密解密速度。由于大部分混沌流密码加密一个明文单元只需要一次混沌迭代(或相对较少的迭代次数)，因此其加解密速度比大部分混沌分组密码快得多。

(2)混沌流密码的加解密速度主要由混沌迭代耗费的时间确定。这说明，混沌系统越简单，加解密速度就会越快。显然，逐段线性混沌映射是最简单的一类混沌映射，每次混沌迭代只需要一次或两次乘法(除法)和几次加减法(比较)操作。

(3)由于浮点算法一般比定点算法慢得多，我们建议尽可能地使用定点算法。因此，数字化混沌密码的设计中包含一些并行运算在硬件实现中是有利的。比如，当耦合映射网格(或者元胞自动机)在数字化混沌密码中使用时，加解密速度可能变得异常的快。

基于以上的分析，本章提出一种基于混沌动态 $S_k(\cdot)$ 盒和非线性移位寄存器(NLFSR)的快速序列密码算法，该算法每循环一次输出 32 比特密钥流。该算法利用区间数目参数化 PLCM 来产生混沌伪随机序列。混沌伪随机序列用来初始化非线性移位寄存器(NLFSR)、构造非线性移位寄存器的更新函数和混沌动态 S 盒。在 NLFSR 的更新函数中，每输出 2^{32} 比特密钥流，混沌 $S_k(\cdot)$ 盒动态更新一次，也就是混沌系统迭代 2048 次可以连续输出 2^{32} 比特密钥流，使得在安全和效率方面有一个比较好的折中点。实验结果表明该方法可以得到独立、均匀和长周期的密钥流序列，同时可以有效地克服混沌序列在有限精度实现时出现短周期和 NLFSR 每循环 1 次输出 1 比特密钥流的低效率问题。

本章其他章节安排如下：5.6 节主要详细介绍混沌动态 S 盒的构造、度量方法和安全性分析；5.7 节详细介绍基于混沌动态 S 盒的快速序列密码算法的详细描述过程；5.8 节是输出密钥流的随机性分析和实现；5.9 节是算法安全性和性能分析；最后是本章小结。

5.6 混沌动态 S 盒的构造

5.6.1 混沌动态 S 盒的研究现状

S 盒(substitution box)在密码体制中主要起混乱和扩散的作用，其首次出现在 Lucifer 算法中，随后因美国数据加密标准(data encryption standand，DES)的使用而广为流传，几乎所有传统的迭代密码和 Hash 函数均基于某个密码安全的置换盒，它通常是分组密码算法和 Hash 算法中唯一的非线性部分。因此，置换盒的密码安全强度决定了其密码算法的安全性，置换盒的置换速度决定了整个算法的置换速度。如何全面准确地度量 S 盒的密码强度，如何设计一个非线性度高的 S 盒是分组密码和 Hash 函数设计与分析的关键。

S 盒可分为固定 S 盒和动态 S 盒。在文献[98]中，Detombe 和 Tavares 提出了一种设计 $n\times n$ 的 S 盒的穷举方法，随着 n 的增大，其过程变得更加困难。当差分密码分析出现后[99]，Detombe 与 Tavares[98]运用 5 个变量的近 Bent 布尔函数来构造 5×5 的 S 盒，以抵抗差分攻击。不过这种方法只能用于构造输入比特是单数的情况。Yi 等[100]提出一种基于小版本的分组密码系统来构造具有强密码特性的 8 比特 S 盒的方法，该方法很容易且有效地在计算机上实现。基于混沌映射来构造 S 盒的方法主要是通过离散化混沌系统来得到[101, 102]，即直接定义一个原混沌映射的离散化——离散化版本。文献[102]指出该方法构造的 S 盒性能不够好，因为离散化后的混沌系统所产生的混沌序列并不能满足密码系统所需要的自相关与互相关特性。为提高其密码学特性，文献[102]运用比特抽取方法，从混沌序列中提取出具有独立同分布的比特串，再运用离散 Baker 映射对其置换，由此获得的 S 盒的性能有明显提高。

使用混沌构造动态 S 盒的想法最早可以在一种基于元胞自动机的密码[103]中找到。这里的 S 盒是由一个元胞自动机产生的，这个自动机由两个初始密钥 k^{-1} 和 k^0 确定，S 盒在加密端和解密端分别通过反向迭代和正向迭代确定。如果我们将动态替换操作看成是类似流密码中的掩盖函数(如异或)，那么这种基于元胞自动机的密码更像是流密码，而非分组密码。另外，在文献[104]中，厦门大学的郭东辉等使用神经网络中的混沌吸引子设计了一种概率分组密码。在该密码中，一个伪随机数发生器和一个子密钥 M 一起控制一个神经网络产生随机密文。这里，从明文到密文的时变替换可以看作是动态的 S 盒。在文献[105]中，西安交通大学的李树钧等提出了使用混沌构造动态 S 盒的想法。他提出了一种由一个混沌流密码和一个混沌分组密码构成的快速混沌组合密码系统。该密码系统中共使用 2^n+1 个逐段线性映射，其中 2^n 个混沌用于加密(称为 ECS)，另外一个作为控制器控制整个密码系统的运行(称为 CCS)。CCS 的初始条件和控制参数作为系统的密钥。在混沌流密码部分中，2^n 个 ECS 被迭代(在 CCS 的控制下决定迭代哪个 ECS)以掩盖明文。在分组密码部分中，一个伪随机的 S 盒通过对 2^n 个 ECS 的当前状态进行排序并动态更新，然后用来替换被流密码部分掩盖的明文，两个部分都被 CCS 控制。初步的分析表明这种密码可以实现相当高的加/解密速度，尤其是在硬件实现情况下。

本节介绍一种基于混沌伪随机序列的可度量动态 8×8 S 盒设计，将混沌系统的初值、控制参数或迭代次数作为密钥时，只需略微改变这些密钥参数的数值，就能构造出一系列性能优良的 S 盒。

5.6.2　S 盒的数学定义

定义 5.6.1[106-108]　称映射 $S(x)=(f_1(x),\cdots,f_m(x)):F_2^n\to F_2^m$ 为 $n\times m$ 的 S 盒，或者表示为 $S:\{0,1\}^n\to\{0,1\}^m$，即 S 可以表示成 2^n 个 m 比特的整数 $r_0,\cdots,r_{2^n-1}$，则 $S(x)=r_x, 0\leqslant x<2^n$，其中 r_i 为 S 盒的行。

S 盒可以看作是一张表或一种非线性变换，也可认为是一个与密钥有关的函数。关于 S 盒中参数 m,n 的选择问题，普遍的观点认为越大越好。而且，m,n 的值最好应当接近，这样难以发现差分分析和线性分析所用的统计特性，并且当 m,n 的值很大时，几乎所有的 S 盒都是非线性的，有较好的抗线性分析性能，线性结构也将大大减少[108]。但是大的 m 和 n 将给 S 盒的设计带来困难，而且增加算法的存储量。目前比较流行的是 8×8 的 S 盒。15 个 AES 候选算法所采用的 S 盒有 9 种，其规模有 6 种，分别是 4×4、8×8、8×32、11×8、13×8 和 8×32。

研究表明，S 盒中 n 的大小比 m 的大小更重要，增加 m 的大小将降低差分攻击的有效性，但极大地增加了线性攻击的有效性。事实上，如果 $m\geqslant 2^n-n$，那么在 S 盒的输入和输出位中存在着一个明显的线性关系；如果 $m\geqslant 2^n$，那么仅在 S 盒的输出位中存在线性关系[109]。

5.6.3　S 盒的度量

S 盒本质上均可看作一组非线性布尔函数的有机组合。本节将从布尔函数的角度定义 S 盒设计的各种准则，深入探讨每个准则的密码内涵和判断方法，给出有关 S 盒正交性、非线性度、差分均匀性和鲁棒性的布尔函数定义。

1.双射特性

通常要求 S 盒是可逆的，尤其在代替置换网络中所使用的 S 盒必须是双射的。当 $m=n$ 时，文献[110]给出了满足双射的充分必要条件：各分量布尔函数 f_i 的线性运算之和为 2^{n-1}，即

$$\mathrm{wt}\left(\sum_{i=1}^{n} a_i f_i\right) = 2^{n-1}, \tag{5.8}$$

其中，$a_i \in \{0,1\}$，$(a_1, a_2, \cdots, a_n) \neq (0,0,\cdots,0)$；$\mathrm{wt}(\cdot)$ 表示汉明重量。如果上式成立，每个 f_i 是 0-1 平衡的，且 f 是双射的。

2.非线性度

令 $f(x): F_2^n \to F_2$ 是一个 n 元布尔函数，称

$$N_f = \min_{l \in L_n} d_H(f, l), \tag{5.9}$$

为 $f(x)$ 的非线性度。其中，L_n 为全体 n 元线性和仿射函数之集，$d_H(f, l)$ 表示 f 与 l 之间的汉明距离。从非线性度的定义可以看出，非线性度是衡量非线性布尔函数与线性布尔函数相近性的一个度量指标。非线性度反映了 S 盒抗击线性分析的能力，也是高强度 S 盒设计时主要强调的一个指标。

在实际应用中常通过 Walsh 循环谱来计算非线性度，函数 $f(x)$ 的循环谱为

$$S_{<f>}(\omega) = 2^{-n} \sum_{x \in \mathrm{GF}(2^n)} (-1)^{f(x) \oplus x \bullet \omega}, \tag{5.10}$$

其中，$\omega \in GF(2^n)$，$x \bullet \omega$ 表示 x 与 ω 的点积。用 Walsh 谱表示的非线性度为

$$N_f = 2^{n-1}\left(1 - \max_{\omega \in \mathrm{GF}(2^2)} \left|S_{<f>}(\omega)\right|\right). \tag{5.11}$$

3.严格雪崩准则(strict avalanche criterion，SAC)

定义 5.6.2 $S(x) = (f_1(x), \cdots, f_m(x)): F_2^n \to F_2^m$ 是完全的，是指输出的任一比特和输入的每一比特有关。体现在代数表达式中，是指每一个分量函数的代数表达式包含所有未知变量 $x_1, x_2, \cdots, x_n$。

定义 5.6.3 $S(x) = (f_1(x), \cdots, f_m(x)): F_2^n \to F_2^m$ 满足雪崩效应，是指改变输入的一个比特，大约有一半输出比特改变。

文献[111]在研究 S 盒的设计时，将“完全性”和“雪崩效应”这两个概念进行组合定义了一个新的概念——严格雪崩准则。

定义 5.6.4　$S(x)=(f_1(x),\cdots,f_m(x)):F_2^n\to F_2^m$ 满足严格雪崩准则，是指改变输入的一个比特，每个输出比特改变的概率为$1/2$ 。

严格雪崩准则用来衡量序列明文在密文中的扩散情况，这个特性只是高强度 S 盒的必要条件。这里需要强调的一点就是，设计高安全强度的 S 盒，过分强调 S 盒的扩散特性将限制其他准则的满足，从而给高强度 S 盒的构造带来困难。

为了检验一个给定的 S 盒是否满足严格雪崩效应，我们可以通过构造相关矩阵来验证给定的密码变换是否满足 SAC。具体步骤如下：

首先，设n比特的任意明文分组$\boldsymbol{X}$，其相应的密文分组为$\boldsymbol{Y}=f(\boldsymbol{X})$ (当$m=n$时，f 是可逆变换)。设分组$\boldsymbol{X}=[x_1,x_2,\cdots,x_j,\cdots,x_n]$与$\boldsymbol{X}_j=[x_1,x_2,\cdots,\overline{x}_j,\cdots,x_n]$，只有第 j 个比特不同，它们相应的密文为$\boldsymbol{Y}=[y_1,y_2,\cdots,y_m]$ $f(\boldsymbol{X}_j)$ 和 $\boldsymbol{Y}_j$= $\boldsymbol{Y}_i=[y_{j1},y_{j2},\cdots,y_{jm}]f(\boldsymbol{X}_j)$ 。利用 $\boldsymbol{X}_j$ 和 $\boldsymbol{Y}_j$ 计算出 m 比特的二进制雪崩向量$[v_1,v_2,\cdots,v_m]$，使得$\boldsymbol{V}_j=\boldsymbol{Y}\oplus\boldsymbol{Y}_j$，其过程如图 5.3 所示。

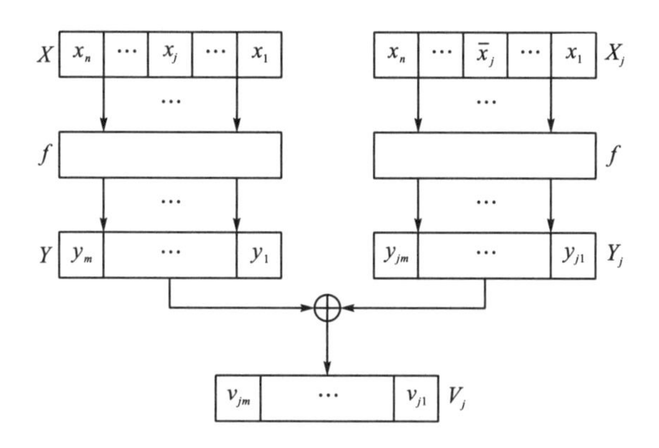

图 5.3　相关矩阵的计算方法

然后，构造一$m\times n$的相关矩阵$\boldsymbol{A}$，向量$\boldsymbol{V}_j$中的第i比特的值与矩阵$\boldsymbol{A}$中的a_{ij}元素相加。重复这个过程r次(r为比较大的一个数，由明文向量$\boldsymbol{X}$产生)，并用$\boldsymbol{A}$中的每个元素除以r 。于是，$\boldsymbol{A}$中每个元素a_{ij}的值就表明了明文第j比特与密文第i比特之间的相关强度。若a_{ij}的值为 1，表示明文第j比特的改变必定引起密文第i比特的变化；而a_{ij}的值为a_{ij}，说明密文第i比特与明文第j比特是相互独立的，即明文第j比特的改变对密文第i比特没有影响。如果$\boldsymbol{A}$中的每个元素的值都接近于 0.5，则表明f满足严格雪崩效应。

4.输出比特独立准则(bits independence criterion，BIC)

对由一个明文比特的反码所产生的雪崩向量集而言，所有雪崩变量应该是成对独立的。通过计算两个雪崩向量的相关系数可测量其独立的程度。给定变量 A 和 B

$$\rho\{A,B\}=\frac{\mathrm{cov}\{A,B\}}{\sigma\{A\}\sigma\{B\}}, \tag{5.12}$$

其中，$\rho\{A,B\}$ 为变量 A 和 B 的相关系数，$\mathrm{cov}\{A,B\}=E\{AB\}-E\{A\}E\{B\}$ 为 A 和 B 的协方差，且 $\sigma^2\{A\}=E\{A^2\}-(E\{A\})^2$。

当变量是二进制变量时，相关系数为 0 意味着两个变量是相互独立的；当相关系数等于 1 时，说明两个变量是相同的，而等于−1 则表明两个变量是互补的。

另外一种测量输出比特独立的方法是由 Adams 和 Tavares 提出的[109]：对于给定的布尔函数，$f_j,f_k(j\neq k)$ 是某 S 盒的两个输出比特，如果 $f_j\oplus f_k$ 高度非线性且尽可能地满足严格雪崩效应(SAC)，则可以确保当一个输入比特取反时，每个输出比特对的相关系数接近于 0。因此，可以通过验证 S 盒的任意两个输出比特间 $f_j\oplus f_k$ 是否满足严格雪崩效应，来检验 S 盒是否满足输出比特间独立准则。

5.差分均匀性

定义 5.6.5 $S(x)=\left(f_1(x),\cdots,f_m(x)\right)$：$F_2^n\to F_2^m$ 是一个多输出函数，令

$$\delta=\frac{1}{2^n}\max_{\substack{\alpha\in F_2^n\\ \alpha\neq 0}}\max_{\beta\in F_2^m}\left|\{x\in F_2^n:S(x+\alpha)-S(x)=\beta\}\right|, \tag{5.13}$$

称 δ 为 $S(x)$ 的差分均匀性。差分均匀性是针对差分密码分析[99]而引入的，用来度量一个密码函数抗击差分密码分析的能力。在实际计算中，也可采用差分逼近概率 DP_f 来表示输入输出的异或分布情况[99]：

$$\mathrm{DP}_f=\max_{\Delta x\neq 0,\Delta y}\left(\frac{\{x\in X\,|\,f(x)\oplus f(x\oplus\Delta x)=\Delta y\}}{2^n}\right), \tag{5.14}$$

其中，X 表示所有可能输入的集合，2^n 是该集合的元素个数。DP_f 所表示的是给定一个输入差分 Δx，输出为 Δy 的最大可能性。

5.6.4 动态 S 盒的设计

目前，绝大多数分组加密的 S 盒都是固定不变的，比如 DES 算法、AES 算法等。但也有少数算法的 S 盒与密钥有一定的相关性，如 IDEA 算法。在加密算法

中，使用动态 S 盒的一个很大优点是由于 S 盒不固定，若要事先分析 S 盒以寻找其弱点是不大可能的，因此从这一点上看，使用动态 S 盒的加密算法通常具有更好的安全性。本节，我们将以前一节提出的混沌伪随机序列设计一种可度量的动态 S 盒，且 S 盒的阶数可以根据需要改变。

基于混沌伪随机序列的动态 8×8 的 S 盒构造过程如下：

(1) 根据图 4.2 的伪随机序列发生器，输入区间数目参数化 PLCM $f_1(\cdot)$ 和 $f_2(\cdot)$ 的初值 $x_1(0)$、$x_2(0)$，区间数目参数 l_1、l_2，控制参数扰动 m-LFSR 的级数 L_1 和 L_2，输出序列扰动的实现精度 L；

(2) 将方程 (4.2) 迭代至少 $L\log_{2l}2$ 次；

(3) 经过图 4.2 伪随机序列发生器得到 0-1 序列 $T=\{b(i)\,|\,i=0,1,2,\cdots\}$；

(4) 由 $T=\{b(i)\,|\,i=0,1,2,\cdots\}$ 得到噪声向量 $\boldsymbol{U}_k=\{b_{8k},b_{8k+1},\cdots,b_{8k+n}\}$，$k\geqslant 0$；

(5) 整数 $i,j\in[0,16]$，利用噪声向量定义二维向量 $\boldsymbol{S}_{8\times 8}[i][j]=\boldsymbol{U}_{ni+j}$，即得 8×8 的 S 盒 $\boldsymbol{S}_{8\times 8}(\bullet)$。

可以看出，8×8 的 S 盒 $\boldsymbol{S}_{8\times 8}(\bullet)$ 是一个行数和列数都为 16 的方阵，共有元素 256 个，元素的值为 $\boldsymbol{U}_k=\{b_{8k},b_{8k+1},\cdots,b_{8k+n}\}$，也就是输入 8 比特到输出 8 比特的映射。输入元素的前四位比特对应方阵的行号，输入元素的后四位比特对应方阵的列号，输入的元素为方阵中行号和列号所对应的元素。

按照同样的方法，可以构造动态 4×4 的 S 盒。

5.6.5　可度量 S 盒的特性分析

我们利用 5.6.4 的方法动态生成 120 个 8×8 的 S 盒，利用 5.6.3 节中 S 盒的评判准则来分析基于混沌伪随机序列的动态 S 盒的安全性。

非线性度是密码安全 S 盒的主要设计准则之一，它决定了基于 S 盒的密码算法抗击线性分析的能力，是高安全度 S 盒设计的一个重要指标。120 个 S 盒的非线性度的最大值和最小值分布情况如图 5.4 和图 5.5 所示，可以看出，非线性度的

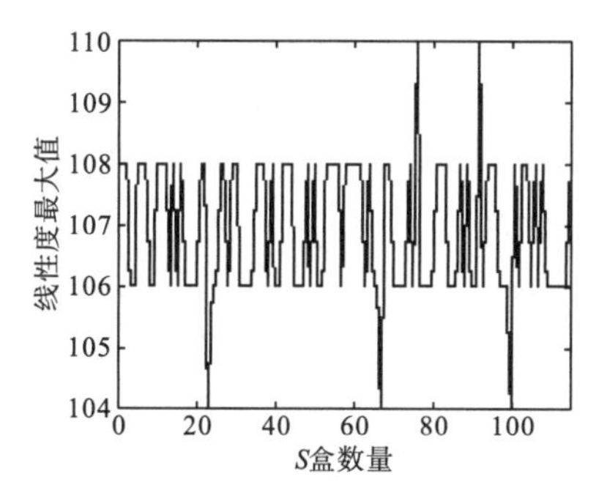

图 5.4　最大非线性度分布情况

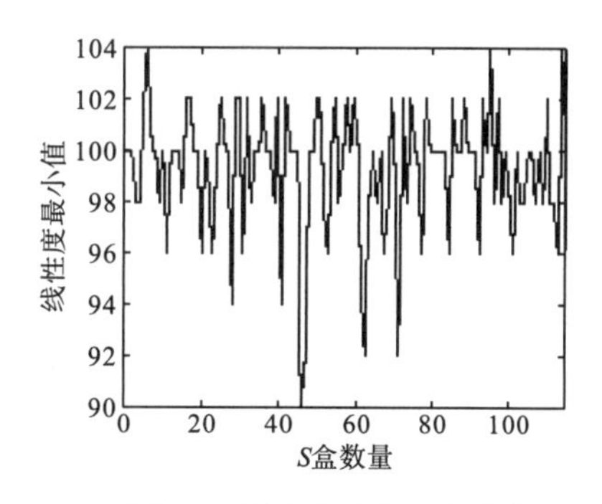

图 5.5　最小非线性度分布情况

最小值也大于 90，说明该方法构造的动态 S 盒具有较强的抗线性分析能力。

严格雪崩特性和扩散特性用于衡量 S 盒的输出改变量对输入改变量的随机性，它是 S 盒设计的重要指标之一。验证雪崩性能的相关矩阵的平均值分布如图 5.6 所示，显然，都非常接近理想值 0.5。

差分分布是衡量 S 盒输入输出的平衡性，决定 S 盒抗差分攻击能力。120 个 S 盒的输入输出差分分布情况如图 5.7 所示，其输入输出差分分布范围为 10～14，说明这些 S 盒均具有很好的抗差分攻击的能力。

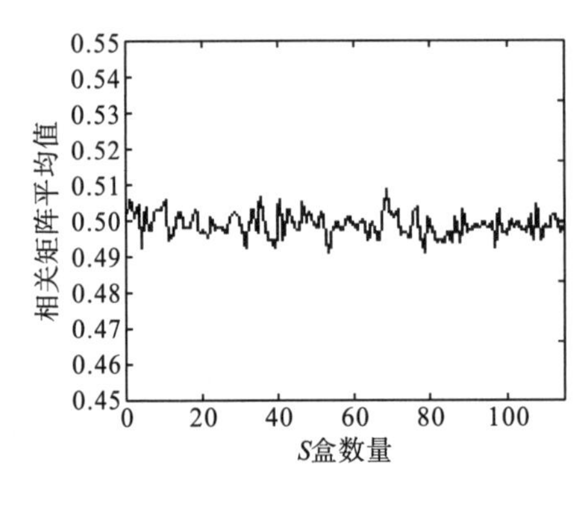

图 5.6　相关矩阵的平均值情况

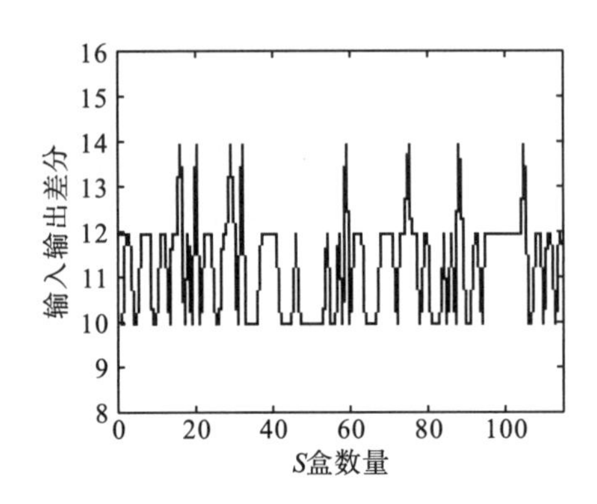

图 5.7　输入输出差分分布情况

通过以上计算分析，说明该方法能够构造出具有良好密码学特性的动态 S 盒，完全适合于在实际密码系统中使用。

5.6.6　效率分析

对于 8×8 动态 S 盒来说，要生成一个 $8\times8\,S$ 盒，输入区间数目参数化 PLCM $f_1(\cdot)$ 和 $f_2(\cdot)$ 分别要迭代 $16\times16\times8=2048$ 次，而生成一个 4×4 S 盒则要迭代 $4\times4\times4=64$ 次。如果用一个 8×8 动态 S 盒加密 8 比特的字节，其效率为 $8/2048$，显然效率非常低。文献[97]设计了一种基于动态 S 盒的加密算法，该算法一次可以加密 10 个明文分组(每个分组 32 字节)，每加密 10 个明文分组要产生 32 个 S 盒，需要迭代混沌映射 8192 次，其效率为：$8\times10\times32/8192=0.3125$，效率还是不高。针对以上问题，我们在下一节中提出基于动态 S 盒的快速序列密码算法，该算法每输出 2^{32} 比特密钥流，混沌 S 盒动态更新一次，也就是混沌系统迭代 2048 次可以连续输出 2^{32} 比特密钥流。

5.7 算法描述

本节主要讨论基于混沌动态 S 盒的快速序列密码算法的具体实现过程，包括 NLFSR 的初始化、更新函数的构造和密钥流的生成过程。

5.7.1 算法框架

本算法利用第 4 章的图 4.2 方法生成混沌伪随机序列，经过 NLFSR 的初始函数生成 512 比特来初始化 NLFSR，NLFSR 经过更新函数 F 输出 32 比特的密钥流，其算法框架如图 5.8 所示。

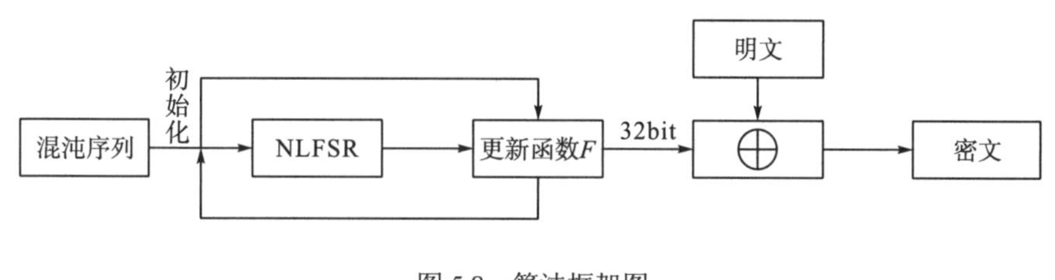

图 5.8　算法框架图

5.7.2 NLFSR 的初始化

本算法的密钥为 $\mathrm{Key}=\{\mu_1,x_{01},L_1,\mu_2,x_{02},L_2,L,K\}$，其中 $\{\mu_1,\mu_2\}$ 是区间数目参数化 PLCM 的控制参数，$\{x_{01},x_{02}\}$ 是区间数目参数化 PLCM 的控制参数的初值，$\{L_1,L_2\}$ 是图 4.2 中控制参数扰动策略的 m-LFSR 的级数，L 是图 4.2 中输出序列扰动策略的实现精度，K 为 128 比特的子密钥。$\{\mu_1,x_{01},L_1,\mu_2,x_{02},L_2,L\}$ 经过图 4.2 的混沌伪随机序列发生器生成 512 比特的 0-1 混沌序列 W，把 512 比特 W 均分为 8 部分 $W_0,W_1,\cdots,W_7$，每部分为 64 比特，经过图 4.2 中的初始化函数得到 512 比特 W' 来初始化 512-NLFSR。另外，M 是一个 16 比特计数器，在 5.7.4 节中详述。NLFSR 的初始化过程如图 5.9 所示。

Input= $\{\mu_1, x_{01}, L_1, \mu_2, x_{02}, L_2, L, K\}$

①经过图4.2方法产生512比特的0-1序列 W；

② $W = W_0 \| W_1 \cdots \| W_7$， M=0；

③按5.6.4节方法构造混沌动态 $S_{8\times 8,k}(\cdot)$ 盒；

④ $for(r = 0; r \leqslant 7; r++)$

$$W_r = W_r \oplus (K <<< (2^r - 1))$$

⑤ $W' = W_0 \| \cdots \| W_7$

Output＝ $\{W'\}$

注释:

1. $\oplus$ 表示异或运算；

2. <<< 表示对 K 循环左移 $2^r - 1$ 比特。

图 5.9　NLFSR 的初始化

5.7.3　更新函数 F 的构造

更新函数 F 的主要功能是生成密钥流，其构造过程如图 5.10 所示。

Input= $\{a, b, c, d, e, f\}$

Pre-mixing:

① $b = b \oplus a$;　 $d = d \oplus c$;　 $f = f \oplus e$;

② $c = c \otimes b$;　 $e = e \otimes d$;　 $a = a \otimes f$;

Dynamic S-Box mixing:

③ $d = d \oplus (S_{8\times 8,k}(a_L) \| S_{8\times 8,k}(a_R))$;　 $f = f \oplus (S_{8\times 8,k}(c_L) \| S_{8\times 8,k}(c_R))$;

$b = b \oplus (S_{8\times 8,k}(e_L) \| S_{8,\times 8,k}(e_R))$;

④ $a = a \oplus (S_{8\times 8,k}(b_L) \| S_{8\times 8,k}(b_R))$;　 $c = c \oplus (S_{8\times 8,k}(d_L) \| S_{8\times 8,k}(d_R))$;

$e = e \oplus (S_{8\times 8,k}(f_L) \| S_{8\times 8,k}(f_R))$;

Post-mixing:

⑤ $d' = d \otimes a$;　 $f' = f \otimes c$;　 $b' = b \otimes e$;

⑥ $c' = c \oplus b$;　 $e' = e \oplus d$;　 $a' = a \oplus f$;

Output= $\{a', b', c', d', e', f'\}$

图 5.10　更新函数 F

图 5.10 中，更新函数 F 是 96 比特输入到 96 比特输出的映射，其输入的 $\{a,b,c,d,e,f\}$ 分别是 6 个 16 比特的字节，输出的 $\{a',b',c',d',e',f'\}$ 也是 6 个 16 比特的字节，$\oplus$ 表示异或运算，$\otimes$ 表示模加 2^{32} 运算，$(S_k(a_L)\|S_k(a_R))$ 表示 32 比特 a 的左 8 比特 a_L 和 8 右比特 a_R 经过混沌动态 $S_{8\times8,k}(\bullet)$ 盒生成 8 比特拼接得到 16 比特，同理于 $(S_k(b_L)\|S_k(b_R))$,…, $(S_k(f_L)\|S_k(f_R))$。5.6 节详细描述了混沌动态 $S_k(\bullet)$ 盒的构造过程。

若令 $(S_k(a_L)\|S_k(a_R))=G_1$，$(S_k(b_L)\|S_k(b_R))=G_2$，$((S_k(c_L)\|S_k(c_R))=G_3$，$(S_k(d_L)\|S_k(d_R))=H_1$，$(S_k(e_L)\|S_k(e_R))=H_2$，$(S_k(f_L)\|S_k(f_R))=H_3$，则更新函数结构图可表示为图 5.11。

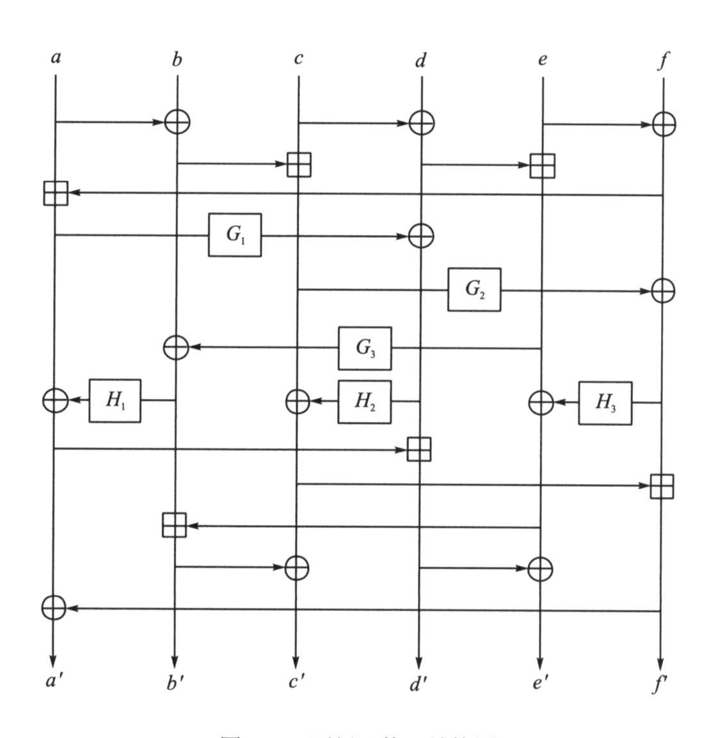

图 5.11　更新函数 F 结构图

5.7.4　密钥流生成

把 512-NLFSR 的 512 比特内部状态均分为 32 部分，每部分 16 比特，记为 $B_i, 0\leqslant i\leqslant 31$，每一轮中，把 $B_0,B_9,B_{16},B_{19},B_{30},B_{31}$ 作为更新函数 F 的输入，每生成 2^{16} 比特后，更新函数 F 中的混沌动态 $S_{8\times8,k}(\bullet)$ 盒就会更新一次，K_s 是每一轮生成的 32 比特密钥流，其过程如图 5.12 所示。

Input＝ $\{B_0\|\cdots\|B_{31},M\}$

① $a=B_0,b=B_9,c=B_{16},d=B_{19},e=B_{30},f=B_{31}$;

② $(a',b',c',d',e',f'\}=F(a,b,c,d,e,f)$;

③ $B_0=b',B_1=c'$;

④ $B_i=B_{i-2},2\leqslant i\leqslant 31$;

⑤ M=M+32;

⑥if($M \bmod 2^{16}$==0) then

按 4.3.6 节构造混沌动态 $S_{8\times8,k}(\bullet)$ 盒， $k=1,2,\cdots,n$

⑦ $K_s=a'\|e'$;

Output= $\{K_s,B_0\|\cdots\|B_{31},M\}$

图 5.12　密钥流生成函数

5.8　密钥流的随机性检验

在混沌序列密码系统中，所有输出的密钥序列必须通过随机检测。美国国家技术与标准局(National Institute of Science Technology，NIST)推出的统计测试软件包(statistical test suite，STS)是当前伪随机性测试中最具权威的工具，已用来检验像 AES 这类候选加密算法的伪随机特性。在本节中，我们利用 NIST 的 STS-1.8 软件包对基于混沌动态 S 盒的快速序列密码算法密钥序列进行测试、检验。

根据 STS 的测试要求，我们选取的显著性水平 $\alpha=0.01$ ，密码系统参数 $\text{Key}=\{\mu_1,x_{01},L_1,\mu_2,x_{02},L_2,L,K\}$ ，每改变一次产生一组混沌密钥流，总共生成 1000 组混沌密钥流用于测试。为了实验方便，我们只改变 $\text{Key}=\{\mu_1,x_{01},L_1,\mu_2,x_{02},L_2,L,K\}$ 中的 $x_1(0)$ 和 $x_2(0)$ ，其他参数取值不变。1000 个 $x_1(0)=\{0.1+0.008(n-1)\,|\,n=1,2,\cdots\}$ ，1000 个 $x_2(0)=\{0.9-0.008(n-1)\,|\,n=1,2,\cdots\}$ 。块内长游程测试中每组长度为 750 000 比特，非重叠块匹配测试中每组长度为 10^6 比特，Maurer 的通用统计测试中每组长度为 1 280 000 比特，线性复杂度测试中每组长度为 10^6 比特，串行测试中每组长度为 10^6 比特，其余测试中每组长度为 10^5 比特。测试结果如表 5.2 所示。表中，C1 代表 1000 组密钥流 P-value 值在 (0,0.1] 的个数，C2 代表 1000 组密钥流 P-value 值在 (0.2,0.3] 的个数，同理于 C3～C10。

表 5.2　密钥流的统计测试

测试项目	P-value 值的分布										均匀性 P-value$_T$	通过率
	C1	C2	C3	C4	C5	C6	C7	C8	C9	C10		
单比特频数	91	109	106	87	122	94	92	118	80	101	0.052 610	0.989 0
块内频数	96	106	115	104	91	112	94	91	89	102	0.574 903	0.989 0
游程	104	94	105	106	92	97	89	102	89	122	0.422 638	0.988 0
长游程	116	102	101	120	99	95	95	93	92	87	0.355 364	0.986 0
矩阵秩	81	118	84	93	109	103	128	78	110	96	0.003 396	0.990 0
离散傅里叶变换	121	85	100	81	108	104	120	96	86	99	0.045 675	0.989 0
非重叠块匹配	86	111	120	105	86	97	99	105	88	103	0.258 307	0.987 0
重叠块匹配	113	97	119	95	96	98	108	91	94	89	0.450 297	0.991 0
通用统计	109	90	106	106	111	92	95	95	100	96	0.830 808	0.987 0
线性复杂度	95	76	74	79	110	66	141	108	120	132	0.759 756	1.000 0
串行检验	106	193	100	95	91	84	101	102	120	108	0.991 0	0.991 0
近似熵	105	97	99	81	105	116	93	90	104	110	0.399 442	0.988 0
累加和	109	82	102	89	102	110	103	102	114	87	0.340 858	0.988 0
随机游动	69	57	51	59	59	54	61	60	70	66	0.763 025	0.988 4
随机游动状态频数	60	45	66	45	67	67	58	63	59	76	0.114 264	0.995 0

根据式(3.31)计算得成功率可信区间为[0.9806,0.9994]，各次测试通过率落入可信区间，从表 5.2 可以看出，测试的 15 个项目全部通过实验。根据式(3.32)计算 P-value 分布的均匀性，如果 $P\text{-value}_T \geqslant 0.0001$，则测试序列可以认为是均匀分布的，从表 5.2 可以看出，测试的 15 个项目全部通过实验。所以，本章提出的算法产生的密钥流序列完全符合随机性要求。

5.9　安全性和性能分析

在一个密码系统中，安全性是首要的问题。下面我们将从理论和仿真实验方面来阐述本章提出的加密算法的安全性。

5.9.1 密钥空间

在下面的分析中，我们采用 IEEE 754 浮点数标准[58]。根据对 NLFSR 初始化过程可知，整个系统的密钥$\text{Key}=\{\mu_1,x_{01},L_1,\mu_2,x_{02},L_2,L,K\}$，$L_1$ 和 L_2 为混沌系统控制扰动的级数，L 为混沌系统输出序列扰动的实现精度，一般来说这三个值不会很大，故纳入计算密钥空间的计算。设 $x_{01}=0.x_1x_2\cdots x_{15}$，$x_{02}=0.x_1'x_2'\cdots x_{15}'$，$\mu_1=0.b_1b_2\cdots b_{15}$，$\mu_2=0.b_1'b_2'\cdots b_{15}'$，$K$ 的长度为 64 比特，则本章所提算法的密钥空间为 $10^{15}\times10^{15}\times10^{15}\times10^{15}\times2^{64}\approx2^{263.2}$，对目前的计算能力来说，这个数字相当大了。

5.9.2 周期性

由于混沌系统对初始参数的极端敏感性以及构造动态 S 盒的序列在 $(0,1)$ 内服从均匀分布，没有密钥 $\text{Key}=\{\mu_1,x_{01},L_1,\mu_2,x_{02},L_2,L,K\}$，就很难得到 NLFSR 的 512 比特初始化值，而 NLFSR 具有 512 比特内部状态，故输出序列的周期性达到 2^{256} 比特，再加 16 比特计数器 M，每产生 2^{16} 比特混沌动态 $S_k(\bullet)$ 盒就会更新一次，所以输出序列的周期性会达到 2^{272} 比特。

5.9.3 统计测试

根据 Shannon 理论，一个密码系统在抗统计攻击方面应该具有很好的性质。下面的实验表明本章的密码系统保留了这个好的特性。

在实验中，为了评估算法的性能，我们采用一个文本文件和一个 256×256 像素的灰度图像文件。

采用文献[112]中给出的明文：Cryptology is the science of overt secret writing (cryptography), of its authorized decryption (cryptanalysis), and of the rules which are in turn intended to make that unauthorized decryption more difficult (encryption security).

1.明文图像和密文图像的统计直方图

我们采用 5.8 节中的参数，对图 5.13(a)进行加密，图 5.13(b)为加密后的图像，图 5.13(c)为解密后的图像，结果表明算法能够正确地加/解密文件，且我们发现密文的直方图[图 5.13(d)]分布已经相当均匀了，并且完全不同于明文的直方图分布[图 5.13(e)]。

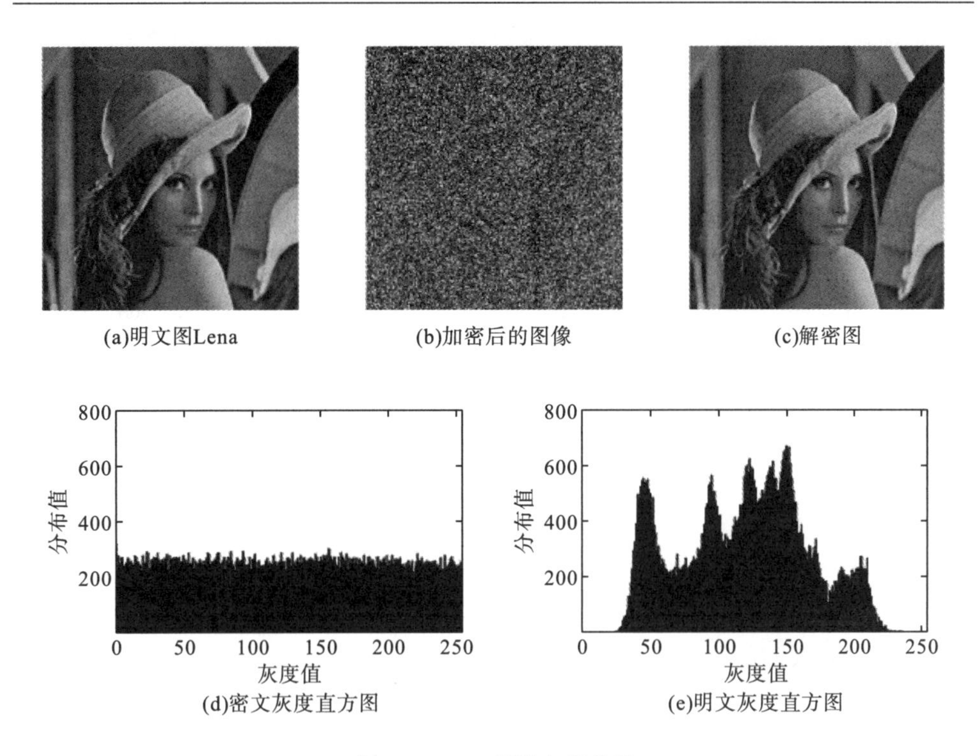

图 5.13　Lena 图的加密结果

由于通过混沌加密得到的密文含有不可打印的 ASCII 字符，因此为了形象地展示密文与明文之间的区别，我们使用二维图形来表示。

在图 5.14 中，横轴代表信息中字符出现的序号，纵轴代表对应字符的 ASCII 码值(范围 0～255)。从明文和密文的图形来看，明文的码值比较集中，而密文的码值却非常分散。图 5.15 分别为加密前后字符的统计分布图，可以看出加密前字符分布比较集中，其码值主要分布在一个较小的范围内。但通过加密后，情况则大不相同，

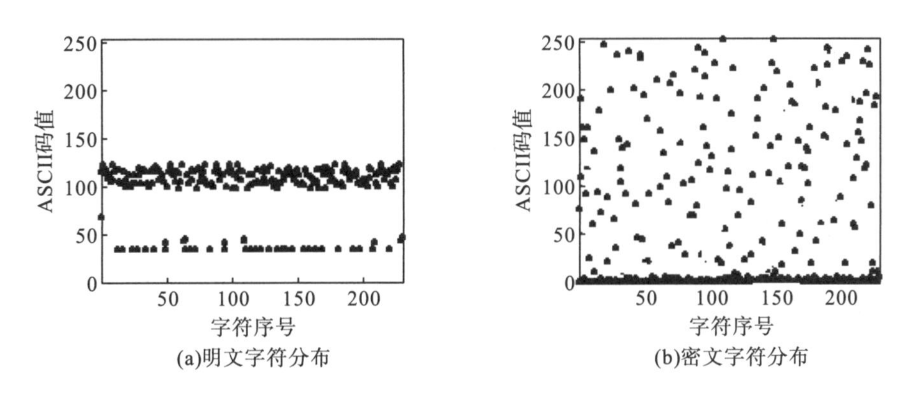

图 5.14　明文/密文分布

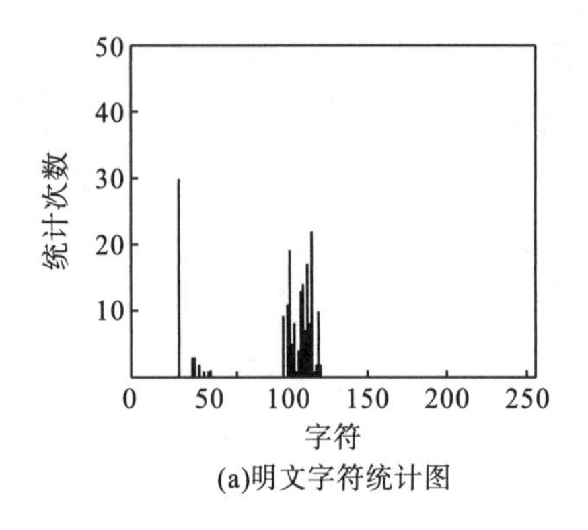

(a)明文字符统计图

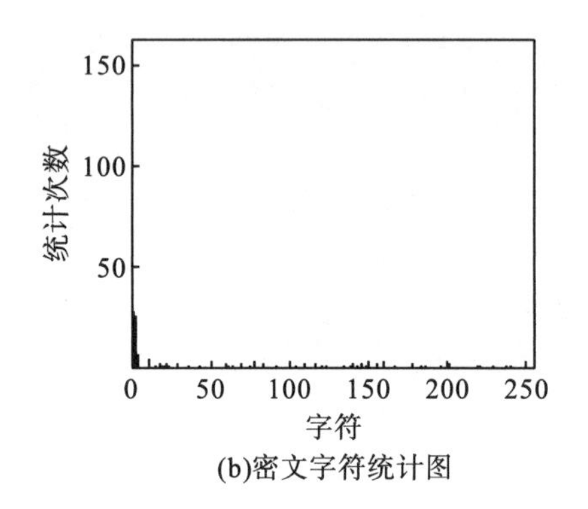

(b)密文字符统计图

图 5.15 明文/密文字符统计图

字符分布很均匀。也就是说，通过扩散、扰乱等作用后，密文中不包含明文的任何信息(包括明文的统计概率信息)。这正是我们想要达到的加密效果。

2.相邻像素的相关性

相邻像素有很高的相关性是图像的一个固有性质。统计攻击利用这个固有性质来展开密码分析。因此，一个安全的加密系统应该能够破坏这种相关性以提高算法的抗统计攻击能力。根据文献[113]，每对像素的相关性使用下面的公式来计算：

$$E(x)=\frac{1}{N}\sum_{i=1}^{N}x_i. \tag{5.15}$$

$$D(x)=\frac{1}{N}\sum_{i=1}^{N}\left[x_i-E(x)\right]^2. \tag{5.16}$$

$$\operatorname{cov}(x,y)=\frac{1}{N}\sum_{i=1}^{N}\left[x_i-E(x)\right]\left[y_i-E(y)\right]. \tag{5.17}$$

$$\rho=\frac{\operatorname{cov}(x,y)}{\sqrt{D(X)}\sqrt{D(y)}}. \tag{5.18}$$

此处，x 和 y 分别表示相邻图像的灰度值。

在实验中，分别从明文图像和密文图像中选择 1000 对水平相邻的像素，然后计算每对相邻像素的灰度比值，结果如图 5.16(a)所示。在图 5.16(a)中，比值非常接近 1 表明明文图像中相邻像素的相关性非常高。在图 5.16 (b)中，比值比较分散表明密文图像中相邻像素的相关性很低。

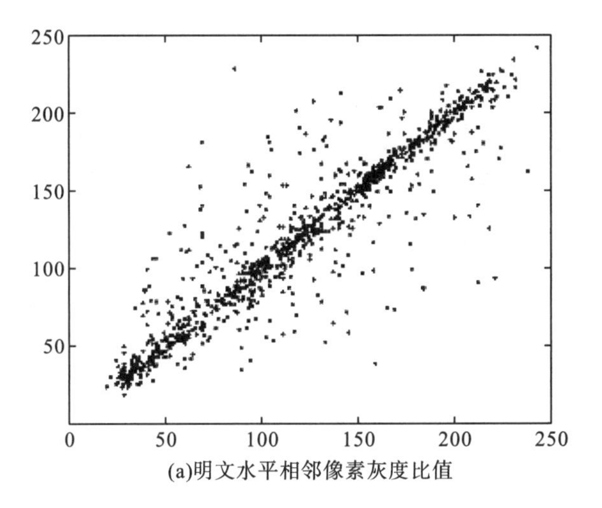

(a)明文水平相邻像素灰度比值

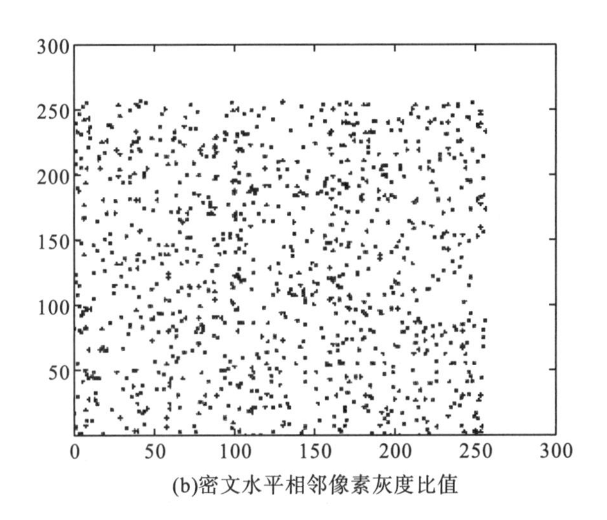

(b)密文水平相邻像素灰度比值

图 5.16　水平相邻像素的关系

5.9.4　密钥敏感性测试

为了测试密文对密钥的敏感程度，分别对参数进行微小的扰动，即 $x_{01}=0.3+1/2^{32}$，$x_{02}=0.6+1/2^{32}$，其余参数不变。每次实验只对以上两个参数中的一个进行变动，实验结果见图 5.17(a)、(b)。从结果可知，加密系统对密钥是非常敏感的，而这一点正是密码学所要求的。同样地，解密时则需要使用与加密时完全相同的密钥，否则将不能正确得到原文。

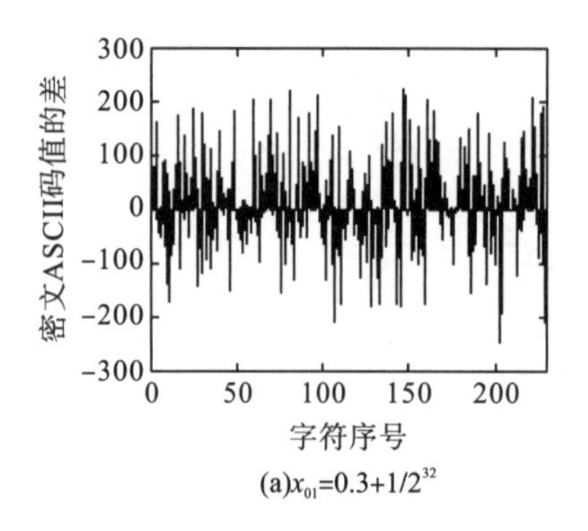

(a)x_{01}=0.3+1/2^32

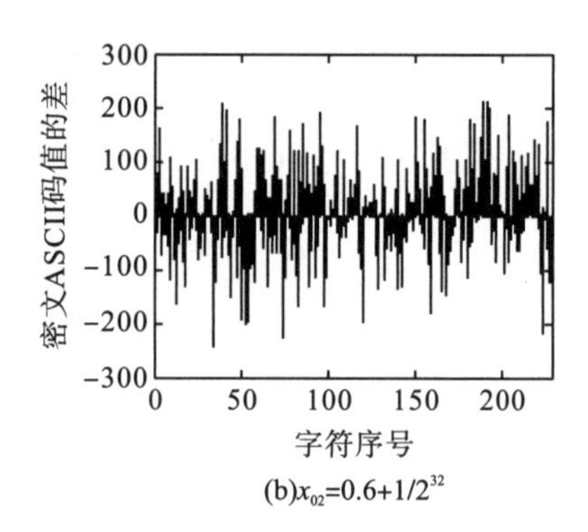

(b)x_{02}=0.6+1/2^32

图 5.17 密文对密钥的敏感性

5.9.5 加密速度分析

混沌序列密码的加密速度主要由混沌迭代耗费时间来确定，在本算法中，每输出 2^{16} 比特密钥流，所需要的主要计算有：①产生 1 个混沌动态 $S_{8\times 8,k}(\cdot)$ 盒，需要迭代混沌映射 2048 次；②NLFSR 的移位约为 2^{16} 次。相对①项而言，第②项运算量很小，可以忽略不计。也就是说混沌系统迭代一次，可以加密 4 个字节，表明此算法具有较快的执行速度。

5.10 本 章 小 结

本章利用混沌系统的特性和 NLFSR 的特点，提出基于混沌动态 S 盒的快速序列密码算法，该算法兼顾安全和效率的问题，每循环一次可以输出 32 比特的密钥流。该方法既可以有效地克服有限精度实现时出现短周期的问题，又可以克服 NLFSR 中循环得到仅仅 1 比特，实现速度极慢的问题。实验表明输出的密钥流具有独立、均匀和长周期的特点，符合随机性要求。当然，在安全性的某些方面，我们还不能像传统密码学那样进行详细的理论分析，这是我们将来研究的主要内容之一。

第 6 章　基于混沌动态 *S* 盒的 K-Hash 函数构造与分析

目前，电子商务、电子政务与我们的日常生活息息相关，但其安全问题也正引起人们越来越多的重视，特别是完整性和身份鉴别等安全问题阻碍着电子商务和电子政务的进一步发展。

安全 Hash 函数是目前国际电子签名及其他密码应用领域中的关键技术之一。在现代密码学中，安全 Hash 函数广泛应用于完整性检测、数字认证，结合公钥算法用于数字签名。安全 Hash 函数是构筑现代安全基础设施的基石。当前几乎所有的安全应用都在使用安全 Hash 函数。绝大多数加密协议都依赖 Hash 函数的安全性。

2005 年，对 Hash 函数的碰撞性研究取得了突破性的进展，发现诸如 MD5、SHA-1 和 RIPEMD 等在抗碰撞性方面的一些以前不为人知的缺陷[114, 115]。这一密码分析的重大突破，再次敲响了电子商务安全的警钟，在国际社会尤其是国际密码学领域引起极大反响[116]。这也使得 Hash 函数的研究得到更多的重视，成为密码学界当前的一个研究热点。

6.1　传统 Hash 函数概述

6.1.1　安全的 Hash 函数

Hash 函数(又称为散列函数)是从全体消息集合到一个具有固定长度的消息摘要集合的变换，可分为两类[29, 117]：带密钥的 Hash 函数和不带密钥的 Hash 函数。不带密钥的 Hash 函数是数字签名中的一个关键环节，可以大大缩短签名时间，在消息完整性检测、内存的散布分配和操作系统中账号口令的安全存储中也有重要应用；带密钥的 Hash 函数可用于认证、密钥共享和软件保护等方面[117, 118]。

带密钥的 Hash 函数在密码学中有广泛的应用，Pieprzyh 等给出了一个可满足实际要求的定义[119]：

定义 6.1.1 K-Hash 函数 $H(\bullet)$ 是一个 Hash 函数族 $\{h_k : k \in K\}$，对任意 $k \in K$，$h_k(M) \to V_m$ 将消息集合 $\sum$ 中任意长度的消息 M 映射为长度 m 的消息摘要 $h_k(M)$，若

(1) $h_k(M)$ 是密钥单向函数，即

①给定 $k \in K$ 和 $M \in \sum$，计算 $h_k(M)$ 是容易的；

②没有 k 的情况下，给定 $h_k(M)$，求 M 是困难的；

③没有 k 的情况下，给定 M，求 $h_k(M)$ 是困难的。

(2) $h_k(M)$ 是密钥碰撞自由函数，即若没有密钥 k，求 M，$M' \in \sum$，满足 $M \neq M'$ 且 $h_k(M) = h_k(M')$ 是困难的。

(3) 给定一组 $M \in \sum$ 及对应的 $h_k(M)$，求出其他消息 M' 的 $h_k(M')$ 或其他摘要 $h_k(M')$ 的消息 M' 是困难的，则称 $H(\bullet)$ 为安全的带密钥的单向 Hash 函数。

Bakhtiari 等指出，Hash 函数应满足如下的安全性要求：

①满足定义 6.1.1；

②密钥的长度应不小于 128 比特，以防止密钥穷尽搜索攻击；

③消息的散列值的长度也应不小于 128 比特，以防止生日攻击；

④具有均匀分布的 Hash 值，能抵御统计分析。

从数学上看，消息空间可以是无限的，而散列结果长度却是定长的，因此总会有无数的消息具有相同的散列结果。但是当散列结果达到一定长度时，比如固定的 128 比特长时，结果空间已有 $2^{128} \approx 3.4028 \times 10^{28}$ 个，在现有的计算环境下，是不可能在如此大的空间中进行穷举计算的。

6.1.2 传统的 Hash 函数结构

目前使用的大多数传统 Hash 函数如 MD5、SHA 等[120]，都具有如图 6.1 所示的迭代型 Hash 函数的一般结构[4]。输入的明文消息 M 被分成 L 个分组 $Y_0, Y_1, \cdots, Y_{L-1}$，每个分组的长度为 b 比特，若最后一个分组的长度不够的话，需要对其进行填充。最后一个分组还包括该 Hash 函数输入的总长度值，这样可以增加敌手攻击的难度，敌手必须保证假冒消息的散列值与原消息的散列值相同，且假冒消息的长度也要与原消息的长度相等。算法中重复使用一个压缩函数 f。压缩函数 f 有两个输入，一个是前一轮的 n 比特输出 CV_{i-1}，称为链接变量；另一个是本轮的 b 比特输入分组 Y_{i-1} 经过压缩函数 f 输出为 n 比特的 CV_i，它又作为下一轮的输入。算法开始时还需为链接变量指定一个初值 IV，最后一轮输出的链接变量便是最终的

散列值。整个算法可表述如下：

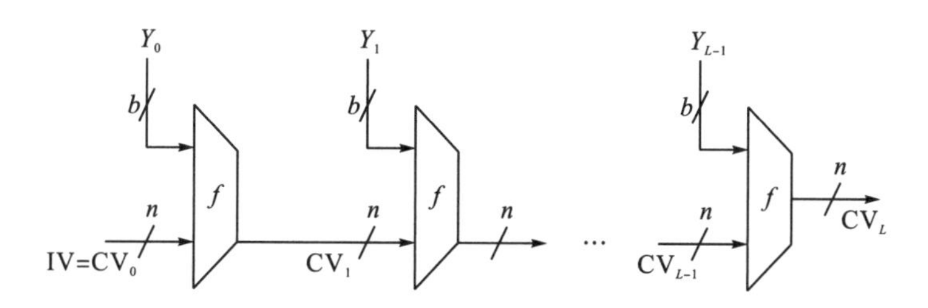

图 6.1　迭代型 Hash 函数的一般结构

$\text{CV}_0 = \text{IV} = n$ 比特长的初始值；

$\text{CV}_i = f(\text{CV}_{i-1}, Y_{i-1})$，$1 \leqslant i \leqslant L$；

$H(M) = \text{CV}_i$。

算法的核心是设计无碰撞的压缩函数 f，多是采用基于异或等逻辑运算的复杂方法或是用 DES 等分组加密方法多次迭代得到散列结果，后种方法运算量很大，难以找到快速同时可靠的加密方法；而前种方法中由于异或运算中固有的缺陷，虽然每步运算简单，但计算轮数即使在被处理的文本很短的情况下也很大。

6.1.3　传统 Hash 函数安全性[116]

MD5 和 SHA-1 是当前国际通行的两大安全 Hash 函数标准算法，应用广泛。MD5 由国际著名密码学家、图灵奖获得者、公钥加密算法 RSA 创始人 Rivest 设计，SHA-1 是由美国国家标准技术研究所 NIST 与美国国家安全局 NSA 推出的标准。

2004 年 8 月，山东大学王小云教授带领的密码学研究小组，成功“碰撞”了 MD5 和 MD4、HAVAL-128、PIREMD 等一系列 Hash 算法[114, 115]。这种攻击已经能够产生对 MD5 的实际碰撞，尽管只是所谓的理论上无意义的随机碰撞。但是，2005 年 Lenstra、王小云和 Weger 利用 MD5 的随机碰撞[121]，成功伪造了符合 x.509 标准的数字证书，进一步说明 MD5 碰撞不仅仅是理论结果，而且可以导致实际的攻击。MD5 的退出已迫在眉睫。

2005 年 2 月，同一个研究小组，首次将“碰撞”SHA-1 算法(160 位散列值)的计算复杂度从理想值 2^{80} 锐减到 2^{69} [122]。随后，改进的攻击方法将复杂度进一步降低到 2^{63} [123]。尽管还没有产生对 SHA-1 的实际碰撞，但是 2^{63} 的计算复杂度已经可以用现在的分布式计算能力进行暴力攻击了。这一系列密码分析上的突破，引起了国际社会，尤其是国际密码学界的极大关注。

针对传统安全性问题，美国国家标准技术研究所(National Institute of Standards and Technology，NIST)部署了三个对策[124]。

(1)计划 2010 年之前在数字签名中采用 SHA-2 系列的 Hash 函数(即 SHA-224、SHA-256、SHA-384 和 SHA-512 等)来逐步淘汰 SHA-l。

(2)鼓励学术界深入地研究 Hash 函数的设计和攻击，以备选择其他安全性能更好的 Hash 函数。同时，NIST 举办的 Hash 函数论坛也正紧张地进行着。

(3)向社会公开征集新的安全 Hash 函数标准，像当年成功选出 AES 加密算法一样。

因此，Hash 函数研究具有重大的理论意义和实际应用价值。

6.2 混沌与 Hash 函数

6.2.1 混沌序列用于 Hash 函数的可行性

混沌系统对初始状态和系统参数极度敏感；混沌系统具有自相似性，使得局部选取的混沌形态和整体完全相似；混沌系统具有遍历性；混沌系统的动力学行为极其复杂，不符合概率统计学原理，难以重构和预测；此外，混沌系统的迭代过程还具有单向性，混沌系统每次迭代都会产生完全不同的结果，而同一个混沌系统若参数和初值相同，将肯定产生完全相同的两个迭代序列。可见，混沌序列天然具有 Hash 函数所要求的单向性、良好的混乱和扩散性能、密钥敏感性等众多性质，完全可能基于混沌理论构造出优秀的 Hash 函数。

6.2.2 混沌 Hash 函数研究现状

从 1999 年以来逐渐有人开始研究混沌 Hash 函数，混沌作为一种新的构造 Hash 函数的方法也正得到越来越多学者的重视。

Wong 在文献[125]中提出了一种将加密和 Hash 结合在一起的方法。虽然在此方案提出后不久，Alvarez 等就指出其中存在安全漏洞，但是这种将加密和 Hash 结合在一起的方式，是一种很有特色的思路，具有很好的推广价值。在文献[126]中，Yi 将混沌迭代变换与 DM(Davies-May)方案[127-129]结合在一起，提出用迭代 75 次帐篷映射代替块加密方式来产生 Hash 值。此方案具有与 DM 方案相同的安全性，并且具有更高的效率。此外，在借助混沌构造 Hash 函数时还有如下几种常用的思路：

(1)通过更改混沌映射的参数或状态值来产生 Hash 值[130-132]。在产生 Hash 值的过程中，通过输入的消息来更改混沌系统中的参数或状态值，从而使混沌系统的轨道发生变化，并从最终和/或中间的混沌状态值中抽取二进制位来产生 Hash 值。由于无论是直接改变混沌系统的状态值还是通过改变参数来改变状态值，都会对混沌轨道产生影响，且随着迭代的不断进行，这种改变会得到进一步的强化，从而保证不同的消息有不同的 Hash 值。

(2)将多个混沌映射组合在一起产生 Hash 值[133, 134]。在输入信息的过程中按照一定的策略在不同的混沌映射之间进行切换，混沌轨道的各段分别由不同的混沌映射所组成。Hash 值从中间和/或最终的混沌值中获得抽取。

(3)利用混沌系统的状态产生 Hash 值[135, 136]。将消息作为初值一次性或分段放入混沌系统中，对混沌系统进行多次迭代，然后从最终的状态中抽取 Hash 值。这种情况常要求混沌系统的结构具有可扩展性，且系统本身较为复杂，其序列不易被预测。

王继志等在文献[136]中对一类基于混沌映射的 Hash 函数进行了碰撞性分析，并建议在构造 Hash 函数时应采用如下方式：①最好将明文映射到参数空间；②分组得到的迭代值应该作为下一分组迭代过程的初值，即不同分组的迭代应该是相关的，而不应完全分离；③对分组不足的处理，不能仅仅是单纯地添加某个字符，还需要添加原始明文的信息；④对于最后生成 Hash 值的迭代次数的选择，应尽量对不同的明文选择不同的迭代次数，这样即使最后的迭代序列完全一致，由于迭代次数选择不一样，也可以保证最后的 Hash 值不同。

对于 Hash 函数的安全性测试方法主要包括混乱与散乱性测试、碰撞性测试。混乱与散乱性测试是所有加密算法共有的一种安全性测试，已经有成熟的理论基础[137-139]。碰撞性测试是 Hash 函数安全性分析的主要测试之一，目前测试理论还不成熟。现有的两种碰撞性测试方法给出的测试结果还不能从理论上判断 Hash 函数抗碰撞性的好坏。

尽管基于混沌的 Hash 函数构造还存在一定的不足，相关文献对构造 Hash 函数时的建议还难以解决所有的问题，但是我们相信随着混沌理论研究的不断深入，与密码学结合的日益紧密，其安全性会得到不断的提高，应用前景广阔。

6.3　基于混沌动态 S 盒的构造

与不带密钥的 Hash 函数相比，K-Hash 函数会随密钥的改变而生成不同的摘要，这样就可以在完整性验证的同时实现源认证，但也要求 K-Hash 函数有充分的密钥敏感性和足够大的密钥空间来抵御统计分析和暴力搜索攻击等。而混沌系统对初值或参数极端敏感，初值或参数的微小扰动都可以产生差别很大的混沌序列，并且其初值或参数取值空间在理想状态下可以无穷大，因此选用具有良好特性的混沌系统来构造混沌 K-Hash 函数，并将其初值或参数作为密钥，可以取得很好的效果。

针对现有混沌 Hash 函数的不足，本章提出一种基于混沌动态 S 盒的 K-Hash 函数构造算法。根据 5.6.4 节的方法，构造 8×8 的 $S_{8\times 8}(\bullet)$ 盒和 4×4 的 $S_{4\times 4}(\bullet)$ 盒。动态 $S_{8\times 8}(\bullet)$ 盒用来对原始数据进行线性变换，这样可以克服混沌系统迭代多次才压缩一个明文块。$S_{4\times 4}(\bullet)$ 盒用来定义一张动态查找表，以决定明文块在 $S_{8\times 8}(\bullet)$ 盒中的替换次序，其目的是可以抵御利用大量替换前和替换后的数据进行统计分析。算法在不增加任何附加运算情况下，可以动态调整散列值的长度。理论分析和仿真结果表明该算法具有很好的单向性、置换性、初值与密钥敏感性，且兼顾了安全、效率，是一个比较容易实现的 K-Hash 函数。

6.3.1 混沌动态 S 盒的构造

基于混沌伪随机序列的动态 8×8 的 $S_{8\times 8}(\bullet)$ 盒构造方法在 5.6.4 节已经详细介绍过，动态 4×4 的 $S_{4\times 4}(\bullet)$ 盒构造过程如下：

(1) 根据图 4.2 的伪随机序列发生器，输入区间数目参数化 PLCM $f_1(\cdot)$ 和 $f_2(\cdot)$ 的初值 $x_1(0)$、$x_2(0)$，区间数目参数 l_1、l_2，控制参数扰动 m-LFSR 的级数 L_1 和 L_2，输出序列扰动的实现精度 L。

(2) 将方程 (4.2) 迭代至少 $L\log_{2l}2$ 次。

(3) 经过图 4.2 伪随机序列发生器得到 0-1 序列 $T=\{b(i)\,|\,i=0,1,2,\cdots\}$。

(4) 由 $T=\{b(i)\,|\,i=0,1,2,\cdots\}$ 得噪声向量 $\boldsymbol{U}_k=\{b_{4k},b_{4k+1},\cdots,b_{4k+n}\}$，$k\geqslant 0$。

(5) 整数 $i,j\in[0,4]$，利用噪声向量定义二维向量 $\boldsymbol{S}_{4\times 4}[i][j]=\boldsymbol{U}_{ni+j}$，即得 4×4 的 S 盒 $\boldsymbol{S}_{4\times 4}[i][j]$。

可以看出，4×4 的 S 盒 $\boldsymbol{S}_{4\times 4}(\bullet)$ 是一个行数和列数都为 4 的方阵，共有元素 16 个，元素的值为 $\boldsymbol{U}_k=\{b_{4k},b_{4k+1},\cdots,b_{4k+n}\}$，也就是输入 4 比特到输出 4 比特的映射。输入元素的前两位比特对应方阵的行号，输入元素的后两位比特对应方阵的列号，替换的元素为方阵中行号和列号所对应的元素。

6.3.2 动态查找表的构造

虽然混沌动态 S 盒可以随密钥 K 的改变而改变，并利用混沌特性增强了混沌度，但是单一的混沌动态 S 盒无法有效抵御统计分析攻击[140]。为此，引入具有传统加密方法的动态函数查找表来克服[140]，并定义如式(6.1)～式(6.4)相应的转化函数：

$$A = f_1(A,B,C,D) = S_{8\times8}(\bar{A}) \boxplus S_{8\times8}(B) \oplus S_{8\times8}(C) \oplus S_{8\times8}(D), \quad (6.1)$$

$$B = f_2(A,B,C,D) = S_{8\times8}(A) \oplus S_{8\times8}(\bar{B}) \boxplus S_{8\times8}(C) \oplus S_{8\times8}(D), \quad (6.2)$$

$$C = f_3(A,B,C,D) = S_{8\times8}(A) \oplus S_{8\times8}(B) \oplus S_{8\times8}(\bar{C}) \boxplus S_{8\times8}(D), \quad (6.3)$$

$$D = f_4(A,B,C,D) = S_{8\times8}(A) \oplus S_{8\times8}(B) \oplus S_{8\times8}(C) \oplus S_{8\times8}(\bar{D}), \quad (6.4)$$

其中，A, B, C 和 D 分别是 8 比特的寄存器；$\boxplus$ 为模 2^8 加运算；$\overline{X}$ 是按位取反；$X \oplus Y$ 表示按位异或运算，结果分别存于相应的寄存器。

定义 6.3.1　若 f_a，f_b 是满足式(6.1)～式(6.4)的转换函数，$f_a \circ f_b$ 为级联运算，则定义表 6.1 为动态查找表。

表 6.1　函数查找表

$S_{4\times4}(\bullet)$	$F(\bullet)$	$S_{4\times4}(\bullet)$	$F(\bullet)$	$S_{4\times4}(\bullet)$	$F(\bullet)$	$S_{4\times4}(\bullet)$	$F(\bullet)$
0000	$f_1 \circ f_2 \circ f_4 \circ f_3$	0100	$f_2 \circ f_1 \circ f_3 \circ f_4$	1000	$f_3 \circ f_1 \circ f_4 \circ f_2$	1100	$f_4 \circ f_2 \circ f_1 \circ f_3$
0001	$f_1 \circ f_3 \circ f_2 \circ f_4$	0101	$f_2 \circ f_4 \circ f_1 \circ f_3$	1001	$f_3 \circ f_2 \circ f_4 \circ f_1$	1101	$f_4 \circ f_1 \circ f_2 \circ f_3$
0010	$f_1 \circ f_3 \circ f_4 \circ f_2$	0110	$f_2 \circ f_4 \circ f_3 \circ f_1$	1010	$f_3 \circ f_2 \circ f_4 \circ f_1$	1110	$f_4 \circ f_1 \circ f_3 \circ f_2$
0011	$f_1 \circ f_4 \circ f_2 \circ f_3$	0111	$f_2 \circ f_3 \circ f_1 \circ f_4$	1011	$f_3 \circ f_4 \circ f_2 \circ f_1$	1111	$f_4 \circ f_3 \circ f_1 \circ f_2$

动态查找表提供了 16 种可选级联函数，不同的 $S_{4\times4}(\bullet)$ 值就有不同的变换函数 $F(\bullet)$ 与之对应。与单一的变换函数相比，动态函数查找表以很小的计算代价增强了变换复杂度，加大了攻击的难度，并且很容易软硬件实现。

6.3.3　算法描述

假设消息 M 是二进制序列，Hash 值的长度为 N（$N = 128 + 32 \bullet i$，$i = 0,1,2\cdots$），$|M| = kN$，$k = 1,2,\cdots$，若 M 的长度 $|M|$ 不是 N 的整数倍，则对最后一个分组填充，填充的方法是一个 1 多个 0，即“1000…”。最后一个分组还包括该 Hash 函数输入的总长度值。

将 M 按长度 N 比特分组，记为 $M = M_1, M_2, \cdots, M_k$，其中 M_i 的长度为 N 比特。对 M_i 进行长度为 32 比特分组，记为 $M_i = m_{i,0}^1 m_{i,1}^1 \cdots m_{i,31}^1, m_{i,0}^2 m_{i,1}^2 \cdots m_{i,31}^2, \cdots, m_{i,0}^j m_{i,1}^j \cdots m_{i,31}^j$，$1 \leqslant j \leqslant N/32$。基于混沌动态 S 盒的 Hash 函数算法的详细过程如图 6.2 所示。

Input={$\mu_1, x_{01}, L_1, \mu_2, x_{02}, L_2, L$}

step1：$C_{8\times8}=0$，$C_{4\times4}=0$；

step2：经过图4.2方法产生8192比特的0-1序列构造 $S_{8\times8}[i][j]$；其中前64比特构造 $S_{4\times4}[i][j]$。并初始化 $H_i(M_i)$；

step3：for i=1 to i≤k do

begin

$M_i = M_i \oplus H_i(M_i)$;

for j=0 to $j \leqslant N/32$

begin

$A = f_1(m_{i,0}^j \cdots m_{i,7}^j, m_{i,8}^j \cdots m_{i,15}^j, m_{i,16}^j \cdots m_{i,23}^j, m_{i,24}^j \cdots m_{i,31}^j)$；

$B = f_2(m_{i,0}^j \cdots m_{i,7}^j, m_{i,8}^j \cdots m_{i,15}^j, m_{i,16}^j \cdots m_{i,23}^j, m_{i,24}^j \cdots m_{i,31}^j)$；

$C = f_3(m_{i,0}^j \cdots m_{i,7}^j, m_{i,8}^j \cdots m_{i,15}^j, m_{i,16}^j \cdots m_{i,23}^j, m_{i,24}^j \cdots m_{i,31}^j)$；

$D = f_4(m_{i,0}^j \cdots m_{i,7}^j, m_{i,8}^j \cdots m_{i,15}^j, m_{i,16}^j \cdots m_{i,23}^j, m_{i,24}^j \cdots m_{i,31}^j)$；

根据表 6.1 函数查找表，提取 A,B,C,D 的最后比特位，经过 $S_{4\times4}(\bullet)$ 运算，根据 $S_{4\times4}(\bullet)$ 的值计算的 $F(\cdot)$；

$H_i(M_i) = H_i(M_i) \| F(\bullet)$；//表示两个比特串的连接

$C_{4\times4} = C_{4\times4} + 8$；

if ($C_{4\times4} \bmod 2^8 == 0$)

经过图4.2方法产生0-1序列构造新的 $S_{4\times4}(\bullet)$；

end

$C_{8\times8} = C_{8\times8} + 32$；

if ($C_{8\times8} \bmod 2^{32} == 0$)

经过图4.2方法产生0-1序列构造新的 $S_{8\times8}(\bullet)$；

end

output={ $H_i(M_i)$ }

图 6.2　基于混沌动态 S 盒的 Hash 函数算法

$H_i(M_i)$ 表示 N 比特的明文分组 M_i 经过压缩函数后得到的 N 比特散列值。另外，$C_{8\times8}$ 是一个 32 比特计数器，用来动态更新 $S_{8\times8}[i][j]$，$C_{4\times4}$ 是一个 8 比特计数器，用来动态更新 $S_{4\times4}[i][j]$。

6.4 性能分析

一个好的 K-Hash，不仅要有很好的单向不可逆性，还应该具备如下特性：密钥敏感性，即密钥的任何微小变化将产生截然不同的 Hash 摘要；初值敏感性，产生的摘要值的每一比特都应该是原始数据非常复杂、敏感的函数；Hash 摘要值应均匀分布于摘要空间，以抵御统计分析攻击。

6.4.1 密钥敏感性分析

采用文献[134]中给出的明文：Cryptology is the science of overt secret writing (cryptography), of its authorized decryption (cryptanalysis), and of the rules which are in turn intended to make that unauthorized decryption more difficult (encryption security).

密钥的控制参数和初始值在有效范围内分别做不同幅度的扰动，分别得到如下 6 组密钥。其中控制参数做微小的扰动得到的 6 组密钥为：

$$\text{Key}_1=\{\mu_1,x_{01},L_1,\mu_2,x_{02},L_2,L\}=\{0.25,0.68,7,0.40,0.34,9,10\};$$

$$\text{Key}_2=\{\mu_1+2\times10^{-15},x_{01},L_1,\mu_2-2\times10^{-5},x_{02},L_2,L\};$$

$$\text{Key}_3=\{\mu_1+3\times10^{-15},x_{01},L_1,\mu_2-3\times10^{-5},x_{02},L_2,L\};$$

$$\text{Key}_4=\{\mu_1+4\times10^{-15},x_{01},L_1,\mu_2-4\times10^{-5},x_{02},L_2,L\};$$

$$\text{Key}_5=\{\mu_1+5\times10^{-15},x_{01},L_1,\mu_2-5\times10^{-5},x_{02},L_2,L\};$$

$$\text{Key}_6=\{\mu_1+6\times10^{-15},x_{01},L_1,\mu_2-6\times10^{-5},x_{02},L_2,L\}。$$

初始值做微小扰动得到的 6 组密钥为：

$$\text{Key}_1=\{\mu_1,x_{01},L_1,\mu_2,x_{02},L_2,L\}=\{0.25,0.68,7,0.40,0.34,9,10\};$$

$$\text{Key}_2=\{\mu_1,x_{01}-2\times10^{-15},L_1,\mu_2,x_{02}+2\times10^{-15},L_2,L\};$$

$$\text{Key}_3=\{\mu_1,x_{01}-3\times10^{-15},L_1,\mu_2,x_{02}+3\times10^{-15},L_2,L\};$$

$$\text{Key}_4=\{\mu_1,x_{01}-4\times10^{-15},L_1,\mu_2,x_{02}+4\times10^{-15},L_2,L\};$$

$$\text{Key}_5=\{\mu_1,x_{01}-5\times10^{-15},L_1,\mu_2,x_{02}+5\times10^{-15},L_2,L\};$$

$$\text{Key}_6=\{\mu_1,x_{01}-6\times10^{-15},L_1,\mu_2,x_{02}+6\times10^{-15},L_2,L\}。$$

分别利用以上 12 组密钥，计算基于混沌动态 S 盒的 128 位 Hash 值，得到扰动前后 Hash 摘要改变比特数目如图 6.3 所示。

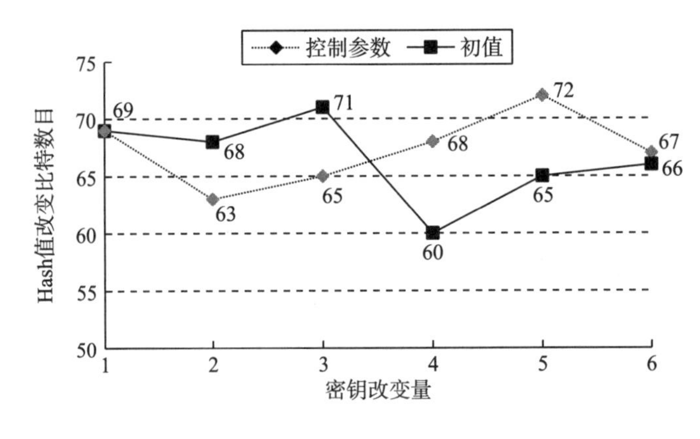

图 6.3 密钥敏感性

从图 6.3 可以看出，密钥的控制参数 μ_1 和 μ_2 做微小的扰动，所得的 Hash 值每比特改变的数目分别为 68、71、60、65、66，平均为 66，与理想状态 64 仅相差 2，即约 50%的概率发生了变化。同样的，密钥的初值 x_{01} 和 x_{02} 做微小的扰动，所得的 Hash 值每比特改变的数目分别为 63、65、68、72、67，平均为 67，与理想状态 64 仅相差 3，即约 50%的概率发生了变化。说明基于混沌动态 S 盒的 Hash 函数具有极高的密钥敏感性。

6.4.2 数据敏感性分析

对于数据敏感性分析，针对下列五种不同情况进行仿真实验：

条件 1，选择初始文本为“Cryptographic hash functions play a fundamental role in modern cryptography.While related to conventional hash functions commonly used in non-cryptographic computer applications-in both cases, larger domains are mapped to smaller ranges-they differ in several important aspects.Our focus is restricted to cryptographic hash functions (hereafter, simply hash functions), and in particular to their use for data integrity and message authentication.”

条件 2，将初始文本中的第一个字符 C 更改为 c。

条件 3，将初始文本中的单词“applications”更改为“function”。

条件 4，将文本最后的句号更改为逗号。

条件 5，在文本最后添加一个空格。

产生的以十六进制表示的 128 位 Hash 值如下：

条件 1 时的 Hash 值：7E5454912B6E D86DFA67549317861E6B；

条件 2 时的 Hash 值：65DFD358A0C9C5 DA1B546BCA855F52E A；

条件 3 时的 Hash 值：A4908A2783BDF27E5BA A41E325045C 82；

条件 4 时的 Hash 值：4CBC74 D532CD067AD87E FDE4C808E18B；

条件 5 时的 Hash 值：875812D438A842D4F4E2B92D 49831C90。

以图形形式表示的 Hash 值如图 6.4 所示。仿真结果表明，在初始密钥不变的情况下，原始数据的微小变化都将引起 Hash 值很大改变，有很高的数据敏感性，即 Hash 值是原始数据每一比特极端敏感的函数。

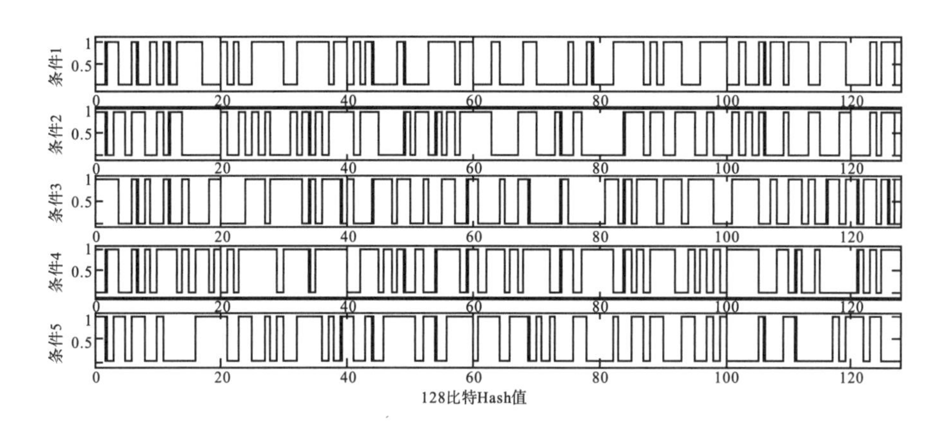

图 6.4　不同条件下的 Hash 值

6.4.3　“雪崩效应”统计分析

为了隐藏明文信息的冗余度，Shannon 提出混乱与扩散是设计加密算法的两个重要标准，也叫“雪崩效应”，它们对设计 Hash 函数仍然有效。由于 Hash 函数的结果为二进制串形式，每比特的取值仅为 0 或 1，因此理想情况下的扩散性表现为初值微小的变化都会引起 Hash 值中每比特以 50%的概率变化。为了测试提出的 K-Hash 函数在统计意义上的“雪崩效应”，定义下列指标[134]：

平均变化比特数：

$$\overline{B} = \frac{1}{N}\sum_{1}^{N} B_i. \tag{6.5}$$

平均变化概率：

$$P = (\overline{B}/128) \times 100\%. \tag{6.6}$$

B 的均方差：

$$\Delta B = \sqrt{\frac{1}{N-1}\sum_{i=1}^{N}(B_i - \overline{B})^2}. \tag{6.7}$$

P 的均方差：

$$\Delta P = \sqrt{\frac{1}{N-1}\sum_{i=1}^{N}(B_i/128-P)^2} \times 100\%, \tag{6.8}$$

其中，N为统计总次数，B_i为第 i 次测试时 Hash 值变化的比特数。

每次测试方法为：在明文空间中随机选取一段明文进行 Hash 测试，然后改变明文 1 比特的值得到另一 Hash 结果，比较两个结果得到变化比特数B_i，经 256、512、1024 和 2048 次测试，得到基于该算法明文 1 比特变化下的 Hash 密文变化比特数$\bar{B}$、P、ΔB和ΔP的值，如表 6.2 所示。

表 6.2 算法的统计性能

	N=256	N=512	N=1024	N=2048	平均
$\bar{B}$	64.312	64.210	64.193	63.869	64.146
ΔB	5.439	5.318	5.572	5.525	5.464
$P/\%$	50.641	49.786	49.873	49.881	50.045
$\Delta P/\%$	4.333	4.260	4.363	4.321	4.319

由表 6.2 中数据知道，该算法的平均变化比特数和每比特平均变化概率都已非常接近理想状况下的 64 和 50 的变化概率，相当充分和均匀地利用了密文空间；从统计效果来看，攻击者在已知一些明文密文对，对其伪造或反推其他明文密文对没有任何帮助，因为明文的任何细微变化，密文从统计上来看在密文空间中都是接近等密度的均匀分布，从而得不到任何密文分布的有用信息，而ΔB和ΔP标志着 Hash 混乱与散布性质的稳定性，ΔB和ΔP越接近，Hash 性质就越稳定，从而也可看出基于扰动的双混沌系统的 Hash 构造算法对明文的混乱与散布能力强而稳定。

6.4.4 碰撞性分析

碰撞是指虽然消息不相同但其 Hash 值却相同，即多对一映射。此处采用文献[134]中的方法进行算法的碰撞性测试，具体如下：随机选择一段明文，将其 Hash 值保存为 ASCII 符的形式。然后随机改变明文中 1 个比特的值，将其 Hash 值也保存为 ASCII 符的形式。对两个 Hash 值进行比较，计算它们在相同位置上 ASCII 符相同的个数，并按照公式(6.9)计算两者之间的绝对差异度：

$$d = \sum_{i=1}^{N}\left|t(e_i) - t(e_i')\right|, \tag{6.9}$$

式中，e_i和e_i'分别为两个 Hash 值中的第 i 个 ASCII 符，函数$t(\,)$表示将 ASCII 符

转换为对应的数值。重复上述过程 2048 次，得到的最大、最小和平均绝对差异度如表 6.3 所示。同时这 2048 个 Hash 值在相同位置上具有相同 ASCII 符的个数分布如图 6.5 所示。从图中可以看出，在相同位置上有相同 ASCII 符的个数最多为 2 个，说明算法的碰撞率很低。

表 6.3　两个 Hash 值之间的绝对差异度

	最大值	最小值	平均
绝对差异度	2 140	677	1 385

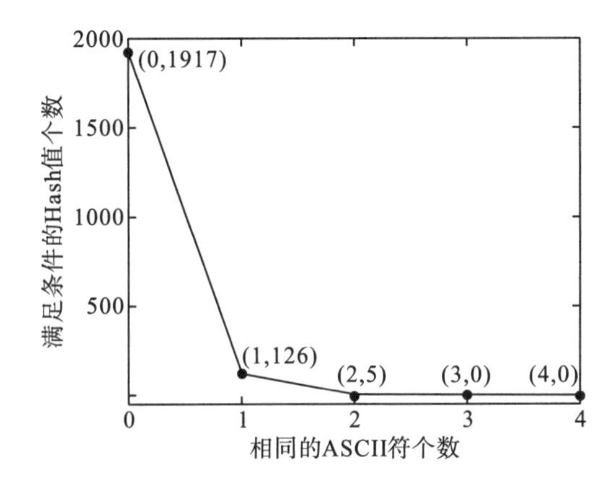

图 6.5　在相同位置上具有相同 ASCII 符的 Hash 值个数分布

6.5　对比分析实验

6.5.1　与其他混沌 Hash 函数的统计性能比较

当前已有不少学者提出了一些基于混沌的 Hash 函数构造算法[132-137, 139-141]。此处，我们选出一些具有代表性的算法文献[131, 136, 141]进行对比分析，其中文献[131]中的 Hash 函数是基于简单混沌系统设计的，而文献[136]和文献[141]中的 Hash 函数是基于复杂混沌系统设计的。从上述文献中直接获取关于算法的统计数据，分别如表 6.4～表 6.6 所示。

根据表 6.2 和表 6.4～表 6.6 中的统计数据，可以看出这些基于混沌的 Hash 函数均具有很好的统计性能，平均变化比特数和每比特平均变化概率都已非常接近理想状态下的 64 比特和 50%，且波动很小。总的来说，本章算法与文献[131, 136,

141]中的算法具有更好的统计性能。

另外，我们直接从文献[131]和文献[136]中获取有关绝对差异度和最大相同字符数的数据，并按照文献[134]的方法，用本章算法所使用的明文消息，计算文献[141]中算法的绝对差异度和最大相同字符数。将上述数据列于表6.7和表6.8中。

绝对差异度越大，具有相同 ASCII 符的个数越少，表明算法的抗碰撞性越好。对比表6.3和表6.7、表6.8中的数据，可以发现所有算法的碰撞率均很低，而且本章算法的绝对差异度最大，最大的相同 ASCII 符个数最小仅为 2，具有比其他算法更好的抗碰撞攻击的能力。

表 6.4　文献[131]中算法的统计性能

	N=256	N=512	N=1024	N=2048	平均
$\bar{B}$	63.381	64.829	63.912	64.845	64.242
ΔB	5.520	5.678	5.717	5.819	5.684
P/%	49.881	49.879	49.921	49.971	49.913
ΔP/%	4.311	4.463	4.765	4.61	4.537

表 6.5　文献[136]中算法的统计性能

	N=256	N=512	N=1024	N=2048	平均
$\bar{B}$	63.987	64.942	64.081	64.962	64.493
ΔB	5.983	5.846	5.678	5.588	5.774
P/%	50.244	50.164	50.151	49.898	50.114
ΔP/%	4.762	4.653	4.589	4.901	4.726

表 6.6　文献[141]中算法的统计性能

	N=256	N=512	N=1024	N=2048	平均
$\bar{B}$	64.512	64.214	64.933	63.846	64.376
ΔB	5.310	5.401	5.462	5.590	5.440
P/%	49.891	50.538	50.677	50.247	50.338
ΔP/%	5.029	4.947	4.683	4.512	4.793

表 6.7　两个 Hash 值的绝对差异度

绝对差异度	最大	最小	平均
文献[131]	2175	603	1379
文献[136]	2221	696	1506
文献[141]	2022	565	1257

表 6.8　Hash 值中在相同位置有相同 ASCII 符的最大数目

	文献[131]	文献[136]	文献[141]	本章算法
最大个数	3	3	2	2

6.5.2　与 MD5 和 SHA-1 的统计性能对比分析

参照前面统计分析和碰撞测试中的方法，采用同样的消息，分别计算 MD5 和 SHA-1 的统计性能指标、绝对差异度和最大相同 ASCII 符数目。考虑到 SHA-1 产生的 Hash 值长度为 160 比特，为了便于比较，取 Hash 值的长度为 $N=160$。同样计算其统计性能指标，绝对差异度和最大相同 ASCII 符数目，所得数据如表 6.9～表 6.14 所示。对比表 6.2、表 6.9～表 6.14 中的数据，可以看到本章算法以及轻微调整后的算法的统计性能、抗碰撞能力与 MD5、SHA-1 相当。

表 6.9　MD5 的统计性能

	N=256	N=512	N=1024	N=2048	平均
$\bar{B}$	63.685	64.092	63.861	64.015	63.913
ΔB	5.26	5.078	5.349	5.632	5.33
P/%	49.751	49.936	49.982	50.013	49.921
ΔP/%	4.201	4.289	4.486	4.416	4.348

表 6.10　SHA-1 的统计性能

	N=256	N=512	N=1024	N=2048	平均
$\bar{B}$	79.941	80.382	80.219	79.971	80.128
ΔB	5.691	6.533	6.238	6.243	6.176
P/%	49.969	50.379	50.008	49.997	50.088
ΔP/%	3.551	4.056	3.971	3.892	3.868

表 6.11　本章算法的统计性能

	N=256	N=512	N=1024	N=2048	平均
$\bar{B}$	79.982	80.671	80.361	80.251	80.316
ΔB	5.972	6.461	6.238	6.345	6.254
P/%	49.997	50.238	50.161	50.019	50.103
ΔP/%	3.733	4.049	3.915	3.992	3.922

表 6.12 MD5 和 SHA-1 的两个 Hash 值的绝对差异度

绝对差异度	最大	最小	平均
MD5	2074	590	1304
SHA-1	2730	795	1603

表 6.13 本章算法的两个 Hash 值的绝对差异度

绝对差异度	最大	最小	平均
本章调整后的算法	2745	822	1763

表 6.14 Hash 值中在相同位置有相同 ASCII 符的最大数目

	MD5	SHA-1	本章调整后的算法
最大个数	2	2	2

6.5.3 与其他混沌 Hash 函数的运算速度对比分析

文献[140]中的 Hash 函数构造算法也是基于混沌动态 S 盒的 Hash 函数，但是文献[140]的算法每散列 $4n$ 比特（n 为散列值长度）的子信息段就更新动态 S 盒一次。而本算法中，每散列 2^{32} 比特信息时，才更新混沌动态 $S_{8\times8}(\bullet)$ 盒一次；每散列 2^8 比特信息时，更新混沌动态 $S_{4\times4}(\bullet)$ 盒一次，但构造 $S_{4\times4}(\bullet)$ 仅仅需要 64 比特混沌序列。对不同长度的消息，测试的环境为：处理器为 Pentium IV 2.4 GHz，内存 256 MB 的个人电脑上，通过 VC++ 6.0 编程实现本章算法和文献[140]中的算法。使用本章算法和文献[140]中算法产生 Hash 值的时间分别如图 6.6 和图 6.7 所示。从图中可以看出，相对文献[140]中的算法而言，本章算法的效率有很大提高，特别是在消息较长的情况下更是如此。

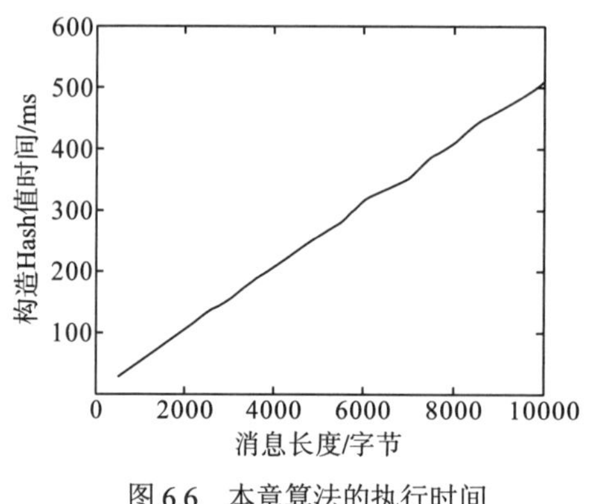

图.6.6 本章算法的执行时间

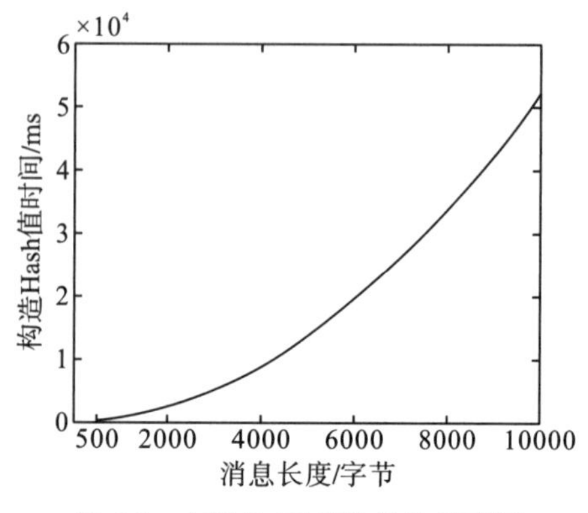

图 6.7 文献[140]算法的执行时间

6.5.4　与 MD5、SHA-1 函数的运算速度比较分析

基于混沌的 Hash 函数都需采用浮点运算，而传统 Hash 算法只需要简单的异或运算。但是传统 Hash 算法中迭代的函数需要大量的异或运算，而混沌 Hash 函数只需简单的迭代，做较少算术运算。为了比较本章算法与传统的 Hash 函数的运算速度，测试的环境为：处理器为 Pentium IV 2.4 GHz，内存 256 MB 的个人电脑。测试数据由 100 000 个分组构成，每个分组由 10 000 个重复连续的 0 到 255 的 ASCII 码字符构成。测试数据总长为10^9字节。表 6.15 为上述测试环境下本章算法与传统 Hash 算法速度测试数据。

表 6.15　本章算法与 MD5、SHA-1 的速度比较

算法	处理时间/s	平均速度/(byte/s)
本章算法(N=160)	387	2 590 689
本章算法(N=128)	265	3 745 289
MD5	152	6 578 947
SHA-1	279	3 584 229

从表 6.15 可以看出，速度的快慢与 Hash 值长度有很大关系。但是总体上看，本章提出的算法运算速度比传统的 Hash 函数要慢。如何提高混沌 Hash 函数的运算速度，是以后研究的重点之一。

6.6　本 章 小 结

本章将传统的 Hash 函数结构与混沌动态 S 盒结合在一起，提出了一种基于混沌动态 S 盒的带密钥的 Hash 函数，该算法能满足多种长度的 Hash 值需要，只要 Hash 值的长度为 N（$N=128+32\times i$，$i=0,1,2,\cdots$）即可。同时，该算法兼顾了安全性和复杂度。理论分析和仿真实验的结果表明该算法具有很好的统计性能、抗碰撞性和灵活性，可以作为安全 Hash 函数的又一很好选择。

第 7 章　一种基于分段映射的混沌保密通信

7.1　引　　言

混沌现象是自然界中广泛存在的由确定性系统产生的类似随机的非线性现象。混沌序列具有对初值敏感、复杂度高、伪随机性好、频谱宽的特点，被广泛认为在保密通信和密码学领域具有潜在的应用前景。1990 年，Pecora 等[141]用部分替代方法实现两个混沌系统的同步，将混沌机制用于通信领域引起了广大研究者的浓厚兴趣，提出了不少基于混沌系统的保密通信方案。文献[142, 143]根据发送端发送信号的生成和接收端信息的回复所采取的策略不同，将混沌通信系统分为混沌调制、混沌键控、参数调制、差动混沌键控和混沌编码等几种类型。对混沌通信系统的研究，目前主要围绕以下几个方面展开：系统的保密性、系统的可靠性、系统的可实现性和系统的传输速率。为提高系统的安全性，在系统设计中往往采用高维的混沌系统或采用低维混沌系统但辅之以非常复杂的结构，致使整个系统的运算速度很慢、实现困难，不适于在实际通信中使用。如何设计一种既拥有较高安全性又有较快运算速度的混沌通信系统，一直是理论界研究的重点和难点。本章提出一种基于混沌系统的保密通信算法，运用混沌系统的符号动力学机制，采用一个混沌系统所输出的混沌信号跟踪预定的符号序列，另一个混沌系统对待传输的信号进行混沌掩盖，在接收端对接收信号进行解码获得相应的信息。结果表明，该算法运算速度快、容易实现且安全性高，具有很强的实用价值。

7.2　混沌系统的符号动力学及其应用

对于一个混沌系统，当我们不关心轨道点 x_i 的具体数值，而只根据 x_i 在相空间中的位置，把它与某个符号对应，即令每一个 x_i 对应一个符号 s_i，这样一条数值轨道就对应一个符号序列。混沌系统的动力学行为，例如遍历特性、对初值敏感特性、伪随机不可预测等，都可以由这个简单的符号序列完全刻画。一般来说，数值轨道与符号序列是多一对应的。许多不同的数值轨道，可能对应同一个符号序列，而不同的符号序列，一定对应不同的数值轨道[144]。我们正是利用混沌系统符号动力学的这一优良特性，设计一种保密通信算法。不失一般性，要求所设计的算法对于任何形式的字符所组成的信息都能准确传输，我们将混沌轨道的符号序列与二进制信息相联系，建立起一定的对应关系。例如，对于待传输的信息其二进制对为 00、01、10、11，我们分别用符号 s_1、s_2、s_3、s_4 来表示。为表达和分析的方便，我们选用具有简单结构的分段线性混沌系统来产生所需要的符号序列。

对分段线性函数 f: $I\to I$(图 7.1)，I_i=[0, 1]为预先确定的各个区间的大小，则各分支可表示为

$$x_{n+1} = H_i x_n - T_i \tag{7.1}$$

其中，$H_i = \begin{cases} p_1 & \text{if} \quad x_n \in I_1 \\ p_2 & \text{if} \quad x_n \in I_2 \\ & \cdots\cdots \\ p_N & \text{if} \quad x_n \in I_N \end{cases}$，$T_i = \begin{cases} b_1 & \text{if} \quad x_n \in I_1 \\ b_2 & \text{if} \quad x_n \in I_2 \\ & \cdots\cdots \\ b_N & \text{if} \quad x_n \in I_N \end{cases}$，$\sum_{i=1}^{N} I_i = 1$。

而 p_i 和 b_i 可以从$\{I_i\}$中计算出来：

$$p_i = \frac{1}{I_i}, \quad b_i = p_i \sum_{k=1}^{i} I_k - 1. \tag{7.2}$$

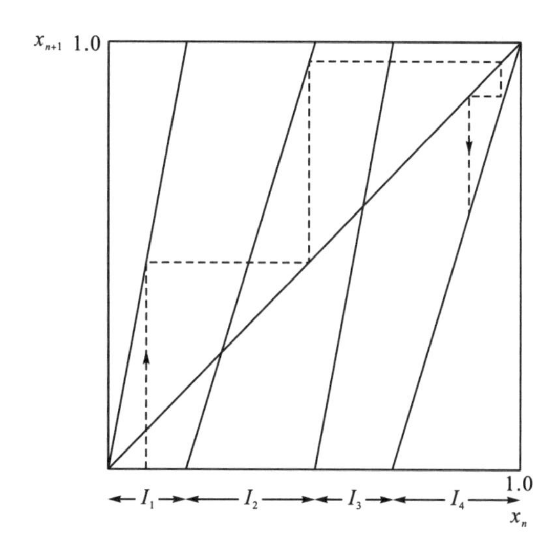

图 7.1　分段线性函数(N=4)

根据式(7.1)和式(7.2)，在给定相空间划分$\{I_i\}$和符号集$\{s_i\}$的情况下，运用符号动力学的观点，我们可以将实数值轨道 x_i 按照它所在区间的位置将其与相应的符号联系起来，即$x_n \to \sigma_n$，其中，

$$\sigma_n = \begin{cases} s_1 & \text{if} \quad x_n \in I_1 \\ s_2 & \text{if} \quad x_n \in I_2 \\ & \cdots\cdots \\ s_N & \text{if} \quad x_n \in I_N \end{cases}, \tag{7.3}$$

于是我们就将混沌实数值轨道$\{x_n\}$转换为符号序列$\{\sigma_n\}$。在基于混沌映射的通信系统(或密码系统)中，有很多办法建立待传输的信息与混沌序列间的关系。一种非常典型的方法就是利用混沌的遍历特性，让混沌系统从给定的初始条件开始演化，直到达到所希望的数值[145]。这种方法有一个致命弱点就是速度太慢，每建立一个符号与信息字符间的关系需要迭代混沌系统几百次，甚至上万次。本章我们采用文献[146]中的方法，对所使用的混沌系统进行反向迭代，快速建立起这种对应关系。

根据式(7.1)，函数f的逆函数f^{-1}可以写为

$$x_n = \frac{x_{n+1}}{H_i} + \frac{T_i}{H_i}, \tag{7.4}$$

将此式连续迭代 t 次，可以得到：

$$x_n = \sum_{k=0}^{t-1} \frac{T_{i+k}}{P(k)} + \frac{x_{n+t}}{P(t)}，\text{其中} P(k) = \prod_{m=0}^{k} H_{n+m}, \tag{7.5}$$

由于逆函数f^{-1}为收缩函数，当迭代次数 t 足够大时，x_n将不依赖于 x_{n+t}而收敛为一个确定的值。

从图 7.1 中可以看出，映射 $x_n \to x_{n+1}$ 是单值的，而 $x_{n+1} \to x_n$ 却是多对一的映射。因此，在进行反向迭代时，就需要对所使用的混沌映射的分支进行选择。选择的原则就是根据式(7.3)所建立的对应关系，在符号序列$\{\sigma_n\}$的指导下进行，当符号序列的第 i 个元素σ_i所对应的区间为I_i时，我们就使用第 i 分支迭代，这样的反向迭代将一串符号$(\sigma_n, \sigma_{n+1}, \cdots, \sigma_{n+t-1})$转换为(收敛到)一个实数值，也就是说可以将一个实数值分配到一串符号$(\sigma_n, \sigma_{n+1}, \cdots, \sigma_{n+t-1})$中去。

7.3 随机二进制序列的产生及其作用

伪随机序列因其诸多优良的特性而被广泛应用于保密通信和密码学中。如何才能产生具有良好随机特性的伪随机序列，一直是理论界研究的热门课题。混沌系统因其内在的随机特性而被大家作为产生随机序列的研究重点[147, 148]。从混沌

系统中提取随机二进制序列的方法比较多，为提高系统的安全性，我们希望提取的方法是单向的、不可逆的，所得到的序列是随机的，最好还是统计独立且同分布的。文献[149]中介绍了三种方法，给出了提取此种二进制序列的混沌系统应满足的充分条件，并证明了该序列的统计特性，能满足我们的要求。本章采用以下方法：

给定 Chebyshev 映射：

$$\tau(x)=\cos\left[\mu\cos^{-1}(x)\right],\quad x\in I=[-1,1], \tag{7.6}$$

其满足绝对连续不变测度、等分布和对称特性的条件[9]，可以从中提取我们所要求的随机二进制序列。首先将其轨道的实数值 x 写为

$$|x|=0.B_1(x)B_2(x)\cdots B_i(x)\cdots,\quad B_i(x)\in\{0,1\}, \tag{7.7}$$

其第 i 个比特 $B_i(x)$ 可表示为

$$B_i(x)=\sum_{r=1}^{2^i-1}(-1)^{r-1}\Theta_{r/2^i}(x), \tag{7.8}$$

其中，$\Theta_t(x)$ 是阈值函数，定义为

$$\Theta_t(x)=\begin{cases}0, & |x|<t,\\ 1, & |x|\geqslant t.\end{cases} \tag{7.9}$$

根据 Kohda 的证明[34]，序列 $\{B_i(\tau^n(x))\}_{n=0}^{\infty}$ 确实是独立同分布的随机二进制序列。

伪随机序列 $\{B_i(\tau^n(x))\}_{n=0}^{\infty}$ 在本章中的作用主要是采用混沌掩码技术对待传输的信息进行混沌掩盖，打断待传输信息的符号序列与混沌映射各子区间的固定不变的关系。由于此种序列的统计独立和随机性，致使在本章算法中待传输信息的符号序列与混沌映射各子区间的关系是动态变化的，具有随机不可预测性。

7.4　算法及实验结果分析

7.4.1　算法描述

本章所提出的基于符号动力学的混沌通信系统，在传送端将待传输的信息进行加密，其过程大致可分为三步：

(1)将待传输的信息表示为二进制序列，并用四个符号按照下面的对应方法来表示：

$$\sigma_n = \begin{cases} 00 \to s_1 \\ 01 \to s_2 \\ 10 \to s_3 \\ 11 \to s_4 \end{cases}. \tag{7.10}$$

(2) 运用 $\{B_i(\tau^n(x))\}_{n=0}^{\infty}$ 对序列 $\{s_i\}$ 进行混沌掩码，即

$$m_i = B_i \oplus s_i, \tag{7.11}$$

注意，字符 s_i 由两个比特组成，而 B_i 只有一个比特。为了获得两个比特的子序列 B_i，我们每掩盖一个字符 s_i 必须迭代混沌系统两次。

(3) 将混沌掩盖后的字符序列 $\{m\}$ 划分为长度为 t 的序列：

$$m = \underbrace{\sigma_0, \sigma_1, \cdots, \sigma_{t-1}}_{w_0}, \underbrace{\sigma_t, \sigma_{t+1}, \cdots, \sigma_{2t-1}}_{w_1}, \sigma_{2t}, \cdots$$

对每个序列 w_j 按照下式进行变换：

$$w_j \to x_j = \sum_{k=0}^{t} \frac{T_{n+i}^{j}}{P_j(k)}, \tag{7.12}$$

其中，$n=0, t, 2t, 3t, \cdots$；$j=n/t$；$P_j(k)$ 由式(7.5)定义。

将在接收端所接收到的信息 x_j 作为初值，运用所知道的密钥(通过另外的安全通道传输)迭代分段线性函数进行解密，对每迭代一次 x_j 在相空间中所对应的子区间与信息符号序列间的对应关系进行如下运算，便可得到解密后的混沌信息，再对其进行掩码运算即恢复出明文：

$$m_n, m_{n+1} = \begin{cases} 0,0 & \text{if} \quad x_{j+n} \in I_1, \\ 0,1 & \text{if} \quad x_{j+n} \in I_2, \\ 1,0 & \text{if} \quad x_{j+n} \in I_3, \\ 1,1 & \text{if} \quad x_{j+n} \in I_4. \end{cases} \tag{7.13}$$

7.4.2 实验仿真

为更明确地说明算法运算过程和对算法的性能进行分析，下面对一段文字运用 MATLAB 进行保密通信实验仿真。待传输的文字信息为：基于混沌的密码算法，其二进制表示为

1011101111111100111010011110110101011101 1

0110110011100011111001111011010111000100

1100001111011100110000101110101111001011 1110001110110111101010 00

按照式(7.10)的对应关系，各子区间的取值确定为：I_1=0.3125、I_2=0.3125、I_3=0.21875、I_4=0.15625，得到其相应的符号序列：

$s_3s_4s_3s_4s_4s_4s_3s_2s_4s_2s_1s_4s_4s_2s_3s_3s_3s_4s_3s_4$ $s_2s_3s_4s_1s_4s_3s_1s_4s_4s_3s_2s_4s_3s_4s_2s_2s_4s_1s_2s_1$

$s_4s_1s_1s_4s_4s_2s_4s_1s_4s_1s_1s_3s_4s_3s_3s_4s_4s_1s_3s_4$ $s_4s_3s_1s_4s_3s_4s_2s_4s_3s_3s_3s_1$

运用式(7.11)对其进行混沌掩码，参数选取为 x_0=0.618，μ =3.995，所使用的序列$\{B_i(\tau^n(x))\}_{n=0}^{\infty}$中的 i 取 i=3。再运用式(7.12)对掩码后的序列进行加密变换，取 t=20，若明文长度不是 t 的整数倍，将明文用 0 填充，便可得到如下密文：

0.37026086425681　0.69660329896197　0.31194819520610　0.19315231600859。

7.5　分析与讨论

7.5.1　密钥空间分析

此算法的密钥由两部分组成，一部分是分段线性映射的各子区间的划分参数，另一部分则是 Chebyshev 映射的初始条件(初值和控制参数)。因此，其密钥空间也由两部分组成：对于相空间为(0.0, 1.0)的分段线性函数，若取精度 10^4 对其进行四个区间的离散化，这种四个元素的组合有 10^{13} 之多；对于 Chebyshev 映射，若取精度为 10^5 的初值和控制参数，其子密钥空间为 10^{10}，于是该算法的密钥空间为 10^{23}。如果在通信中要求的保密程度较高，只需将密钥参数取更高的精度即可。

7.5.2　扩散与混乱

扩散与混乱是设计分组密码的两条基本指导原则。扩散是将每一位明文的影响尽可能地作用到较多的输出密文位中去，同时，还要尽量使得每一位密钥的影响也尽可能迅速地扩展到较多的密文位中去。其目的是有效隐藏明文的统计特性，希望密文 c_i 中的任一比特都要尽可能与明文、密钥相关联，或者说，明文和密钥中的任何位上值的改变都会在某种程度上影响到 c_i 的值，这也就是混沌系统的初始条件敏感依赖性。混乱是指密文和明文之间的统计特性的关系尽可能复杂化。一个算法中仅仅使每个明文比特和每个密钥比特与所有的密文比特相关是不够的，还必须进一步要求相关变换的数学函数要足够复杂，避免很有规律的、线性的相关关系，尽可能多地实现扩散与混乱。为说明本章所提算法的混乱与扩散特性，我们分别将 7.2 节中所用实验的数据和初始值及控制参数做小的改变，通过分析改变前后所得加密后的密文差值分布情况来说明算法的扩散与混乱特性。所使用的不同变量为：

(1)明文的微小改变。若将实验中明文第 1 个比特对由 10 改为 11 时，其密文为 0.04912842231772，可见其变换是非常大的。用此密文解密所得到的明文为：¶ÔÓÚÄ³Ð©¹âÑ§ÏµÍ³£¬Ëä。总体上看，每 1 个比特的变化将引起同组的所有 40(2t)个比特的改变。

(2)参数的微小改变。将分段线性混沌系统的参数设为 I_1=0.31250，I_2=0.21875，I_3=0.28125，I_4=0.18750，其密文分别为：0.34688989562241、0.62163113142877、0.31137241680261、0.16383275223487，如果用这些初值进行解密，根据混沌映射对初值敏感的特性，所得到的明文一定面目全非。

(3)初始值的微小改变。将 Chebyshev 映射的初值由 x_0=0.618 改为 x_0'=0.619 后，加密后其密文分别为：0.46182276888159、0.63315760165851、0.26008471115236、0.09387269528069。

7.6 本章小结

本章描述了一种基于符号动力学的保密通信算法。这种算法充分利用了混沌系统的优良特性，有效地克服了大多数运用混沌系统进行加密时速度慢的缺点。其具有以下几个特点：①软硬件实现简单；②加密与解密对称，都使用相同的系统；③速度快；④具有比较高的安全性。

第 8 章　基于可置换有理函数的公钥密码系统和密钥交换算法

8.1　引　　言

公钥密码系统可以使双方用户在不共享密钥的情况下在公共信道中安全通信。更准确地说，在公钥密码系统中每个用户都有一个公共密钥(用 e 表示)和一个相应的私钥(用 d 表示)。这里提到的私钥 d 不能在任何合理的时间从公钥那里计算出来。公钥密码定义了加密算法 E_e，与此同时也定义了相应的解密算法 D_d。任何一个用户 B 想要发送信息 M 给 A，B 首先得到 A 可靠的公钥 e，利用加密算法得到密文 $C=E_e(M)$，然后把 C 给 A，A 利用解密算法解密得到明文 $M=D_d(C)$。

自从 1976 年以来，已经提出了很多公钥密码算法[150-153]，其中最广为应用的公钥算法分别是：RSA、Rabin 和 EIGamal。RSA 算法的安全性建立在整数因子分解问题的基础上；而在 Rabin 公钥加密算法中，敌手面临的问题等同于求大整数的因子；而 EIGamal 公钥系统的安全性是建立在离散对数问题的基础上[154]。

到目前为止，基于置换多项式的最典型的公钥密码系统已经被详细讨论：RSA 公钥密码算法和更少被知道的基于 Dickson 的公钥密码算法。基于 Dickson 的公钥密码算法于 20 世纪 80 年代提出[155,156]，后来 Nöbauer 等在文献[155,157,158]中分析了基于 Dickson 算法的安全性。1993 年，Smith 使用 Lucas 序列构造出一种新的系统称为 LUC 公钥密码系统[159]，事实上该公钥密码系统基于 Dickson 多项式 $g_e(x,1)$[159]。在文献[159]中，Sun 等提出了基于 Dickson 多项式 $g_e(x,1)$ 的公钥密码系统的一个新算法。Chen 等[160]提出了代替 LUS 系统的新的公钥密码系统，该公钥密码系统具有同样的安全性，但计算量比 LUC 公钥密码系统更少。

本章的组织结构如下：在 8.2 节中，我们总结可置换有理多项式的特点和性质；8.3 节中我们提出一种新的可置换有理函数，并分析该可置换有理多项式的代数特点，提出应用于公钥密码算法和密钥交换算法的重要定理；8.4 节提出基于可置换有理多项式的公钥密码算法和可置换密钥算法的详细过程，分析公钥密码算法和可置换密钥算法的安全性和可行性；8.5 节是本章的结论。

8.2 可置换有理函数

8.2.1 可置换多项式

首先我们给出关于变换多项式的定义：

定义 8.2.1 设 $f \in F_q(x)$，这里 F_q 是 q 上的有限域，f 是可置换多项式当且仅当满足下列条件之一。

①f：$c \mapsto f(c)$ 在 $F_q \to F_q$ 是单射；

②f：$c \mapsto f(c)$ 在 $F_q \to F_q$ 是漫射；

③对于任意 $\forall a \in F(q)$，$f(x) = a$ 在 F_q 有一个根；

④对于任意 $\forall a \in F(q)$，$f(x) = a$ 在 F_q 有唯一根。

可置换多项式已经被广泛研究，可以在文献[161-163]中看到许多关于变换多项式的广为人知的结果。一类非常著名的可置换多项式叫作 Dickson 多项式[163]。

8.2.2 可置换有理函数

可置换有理函数是应用得比较广泛的置换多项式，文献[162]中对可置换有理函数进行了详细的定义。

定义 8.2.2 设 $g(x)$ 和 $h(x)$ 是可置换 $Z(x)$ 的多项式，这里 $g(x)$ 和 $h(x)$ 在 $Z(x)$ 是不可分解的多项式，$r(x)$ 如果满足下列条件，那么其被称为模正整数 m 的可置换函数。

①对于任意 $\forall b \in Z$，$(h(b), m) = 1$；

②映射 π：$Z/(m) \to Z/(m)$，$\pi(b) = h(b)^{-1} g(b) \bmod m$ 可置换。

很显然，多项式 $g(x)$ 是可置换有理函数，当且仅当 $g(x)/1$ 是置换函数。

引理 8.2.1 设 $m = pq$，对于素数 p 和 q，$r(x)$ 是可置换有理函数当且仅当它模 p 和模 q 是可置换有理函数。

Lidl 等在文献[161]中研究有限域上的一种有理函数 $r(x)$，该有理函数也可以用来构造公钥密码系统。

定理 8.2.1[163]　让 $a \neq 0$ 不是一个平方整数，并且 $\frac{a}{p} = -1$， $\frac{a}{q} = -1$，假设：

$$(x+\sqrt{a})^n = g_n(x) + h_n(x)\sqrt{a}. \tag{8.1}$$

这里的 $g_n(x)$ 和 $h_n(x)$ 是 Z 上的多项式，其表示如下：

$$\begin{cases} g_n(x) = \sum_{i=0}^{\lfloor n/2 \rfloor} \binom{n}{2i} \bullet a^i x^{n-2i} \\ h_n(x) = \sum_{i=0}^{\lfloor n/2 \rfloor} \binom{n}{2i+1} \bullet a^i x^{n-2i-1} \end{cases}. \tag{8.2}$$

如果素数 $p \neq 2$， $2 \nmid n$ ， $(n, p+1) = 1$， $p \nmid n$ ，那么 $f_n(x) = \frac{g_n(x)}{h_n(x)} \pmod p$ 是一个变换有理函数。

8.3　一种新的可置换有理函数

定义 8.3.1　设 $p(x)$ 是一个模 p 的可置换多项式，且存在一个最小正整数 N 使得 $p^N(x)$ 是一个模 p 的恒等多项式，即 $p^N(x) \equiv x(\mathrm{mod}(x^p - x))$.

这样，对于 $z(x)$ 中的任意多项式 $f(x)$ ，有

$$f(p^N(x)) \equiv f(x)(\mathrm{mod}(x^p - x)), \tag{8.3}$$

取 $a \neq 0$ 是一个非平方整数，且 $\frac{a}{p} = -1$ ，设

$$\begin{cases} g_n(p(x)) = G_n(x), \\ h_n(p(x)) = H_n(x), \\ (p(x)+\sqrt{a})^n = G_n(x) + H_n(x)\sqrt{a}. \end{cases} \tag{8.4}$$

定理 8.3.1　设 $F_n(x) = \frac{G_n(x)}{H_n(x)}$ ，当 p 是奇数， $p \neq 2$ ， $2 \nmid n$ ， $(n, p+1) = 1$ ， $p \nmid n$ ， $F_n(x) \pmod p$ 是可置换有理函数。

证明：因为 $b \in Z$ ， $p(b) \in Z$ ，并且 $(h_n(b), m) = 1$ ，那么 $(H_n(b), m) = (h_n(p(b)), m) = 1$ 。

从引理 8.2.1 可得到 $f(x)$ 是可置换有理函数，使得 $\pi(b) = h_n^{-1}(b) g_n(b)$ 是模 p 的置换多项式，并且 $p(b)$ 是遍历 $Z/(p)$ 的剩余系，于是 $H_n^{-1}(n) G_n(b) = h_n^{-1}(p(b) g_n(p(b))$ 是模 p 的可置换有理函数。

由引理 8.2.1 我们有 $(g_n(x), h_n(x)) = 1$ ，因此存在 $u_n(x), v_n(x) \in Z(x)$ 满足

$$g_n(x)u_n(x)+h_n(x)v_n(x)=1. \tag{8.5}$$

由于 $p(x)\in Z(x)$，所以 $g_n(p(x))u_n(p(x))+h_n(p(x))v_n(p(x))=1$。因此 $(g_n(p(x)), h_n(p(x)))=1$，也就是 $(G_n(x),H_n(x))=1$。从以上可知，$F_n(x)$ 模 p 是可置换有理函数。

引理 8.3.1 设 $F_n(x)=\dfrac{G_n(x)}{F_n(x)}$ 模 p 是可置换有理函数，$F_n(x)$ 满足

$$F_k(F_n(x))=F_{kn}(x)=F_n(F_k(x)). \tag{8.6}$$

证明：根据等式(8.4)，我们有

$$\begin{cases} g_n(p(x))=G_n(x), \\ h_n(p(x))=H_n(x), \\ (p(x)+\sqrt{a})^n=G_n(x)+H_n(x)\sqrt{a}. \end{cases}$$

于是

$$\begin{cases} (p(x)+\sqrt{a})^n=G_n(x)+H_n(x)\sqrt{a}, \\ (p(x)-\sqrt{a})^n=G_n(x)-H_n(x)\sqrt{a}. \end{cases}$$

因此

$$\left(\frac{p(x)+\sqrt{a}}{p(x)-\sqrt{a}}\right)^n=\frac{G_n(x)+H_n(x)\sqrt{a}}{G_n(x)-H_n(x)\sqrt{a}}=\frac{F_n(x)+\sqrt{a}}{F_n(x)-\sqrt{a}}=\left(\frac{F_n(x)+\sqrt{a}}{F_n(x)-\sqrt{a}}\right)^k=\frac{F_k(F_n(x))+\sqrt{a}}{F_k(F_n(x))-\sqrt{a}}.$$

同样的，

$$\frac{F_{nk}(x)+\sqrt{a}}{F_{nk}(x)-\sqrt{a}}=\frac{F_n(F_k(x))+\sqrt{a}}{F_n(F_k(x))-\sqrt{a}}.$$

因此，我们有

$$F_k(F_n(x))=F_{kn}(x)=F_n(F_k(x))$$

引理 8.3.1 意味着可置换有理函数 $F_n(x)(\bmod p)$ 具有半群特性，利用这种性质可构造密钥交换算法。

设映射 π_n 是 $F_n(x)$ 生成的域 Z_p 上的多项式，那么根据式(8.6)有 $\pi_k\pi_n=\pi_{kn}$，也就是说，当且仅当 $k\equiv n(\bmod p+1)$，域 Z_p 上两个多项式由两个因子乘积得到。我们注意到：当且仅当 $(p+1)|(n-1)$，那么 $F_1(x)=x$ 和 $\pi_1=\varepsilon$（恒等映射）。于是我们可以根据引理 8.3.2 很容易地求出 Z_p 域上 $F_n(x)$ 的逆函数。

定理 8.3.2 设 $F_n(x)\in Z_p$，$F_k(F_n(x))=F_n(F_k(x))=F_1(x)=x$ 成立，当且仅当

$$kn\equiv 1(\bmod(p+1)).$$

这个定理的证明在文献[167-170]中有其主要内容。定理 8.3.2 是应用于公钥密码系统的关键属性。

定理 8.3.3 设 p 和 q 为奇素数，而且 $p\neq q$，设 n 是一个奇整数，并且 $p\nmid n$，

$q\nmid n$，$(n,p+1)=(n,q+1)=1$，然后设 $a(a\neq 0)$ 是一个 $\frac{a}{p}=-1$ 和 $\frac{a}{q}=-1$ 的非平方整数，那么当 $m=pq$ 时，$F_n(x)(\bmod m)$ 是一个可置换有理函数多项式。

证明：根据引理 8.3.1，$F_n(x)(\bmod p)$ 和 $F_n(x)(\bmod q)$ 是可置换有理函数，因此，由于 $(p,q)=1$，我们可以得出 $F_n(x)(\bmod m)$ 是可置换有理函数。

8.4　公钥密码算法和密钥交换算法

在这一节中，我们将详细讨论基于可置换有理函数的公钥密码算法和密钥交换算法。

8.4.1　公钥密码算法

根据定理 8.3.3 和定理 8.3.4，我们研究的可置换有理函数可以构造形式如 RSA 算法的公钥密码算法。这个密码由三个算法组成：密钥产生算法、加密算法以及解密算法。

密钥产生算法：由 5 个步骤产生组成：

> Alice，为了产生密钥，按照下面的步骤做：
> (1) 产生一个较大的整数 $m=pq$，p,q 分别是两个保密的大素数；
> (2) 设 $a\neq 0$ 是一个非平方整数并且 $\left(\frac{a}{p}\right)=-1$ 和 $\left(\frac{a}{q}\right)=-1$；
> (3) 选择一个任意的奇整数 e 并且有 $p\nmid e$，$q\nmid e$，$(e,p+1)=(e,q+1)=1$；
> (4) 计算 $ed\equiv 1\bmod[p+1,q+1]$；
> (5) Alice 将他的公钥设置为 (e,m,a) 并且把她的私钥设置成 d。

加密算法：需要下面 4 个步骤：

Bob，给信息加密，执行下列的步骤：
(1) 得到 Alice 的公钥 (e,m,a)；
(2) 用一个整数 $M<m$ 表示信息；
(3) 计算 $F_e(M)(\bmod m)$；
(4) 将密文 $C=F_e(M)(\bmod m)$ 发送给 Alice。

解密算法：需要下面 2 个步骤：

Alice，为了从密文 C 中恢复明文 M，按照下面的计算：
$M=F_d(F_e(M)(\bmod m))(\bmod m)=F_1(M)=M$。

根据定理 8.3.2，$F_n(x)(\bmod m)$ 能被解出当且仅当找到 m 的因式分解。因此，当前唯一可行找到可置换有理函数 $F_n(x)(\bmod m)$ 的反函数的方法是找到 m 的因式分解。如果 m 的素因子足够大，当前的这个任务就不是可行的。

8.4.2 密钥交换算法

基于半群的可置换有理函数，我们提出一个增强型的密码交换算法，它的具体步骤如下：

用 PW 表示用户 A 的密码，$H(\cdot)$ 是一个哈希函数，$\mathrm{ID_A}$ 是客户端的识别数，$\mathrm{ID_B}$ 是服务端的识别数，β 是一个任意数并且是服务者的私有密码。

我们假设客户端 A 和服务端 B 共同享有哈希值 $h=H(\mathrm{ID_A},\mathrm{ID_B},\beta,\mathrm{PW})$，在这里 $\mathrm{ID_A},\mathrm{ID_B},\beta$ 和 PW 作为从左到右的连接在一起构成字符串。

(1) 用户 A 选择一个任意的整数 $r_\mathrm{A}\in F_q$，任意一次性随机数 n_A，将 h、r_A、n_A 和 $\mathrm{ID_A}$ 从左到右连接，然后使用哈希函数 $H(\cdot)$ 去计算 $\mathrm{AU_1}=H(h,r_\mathrm{A},n_\mathrm{A},\mathrm{ID_A})$。

(2) 用户 A 发送 $\mathrm{AU_1}$、r_A、n_A 和 $\mathrm{ID_A}$ 给服务端 B，然后服务端 B 通过使用哈希函数 $H(\cdot)$ 计算 $\mathrm{AU_1'}=H(h,r_\mathrm{A},n_\mathrm{A},\mathrm{ID_A})$。服务端 B 比较 $\mathrm{AU_1}$、$\mathrm{AU_1'}$。如果不相等，B 就在这里停止操作；否则的话，用户 A 就得到验证，然后服务端 B 继续到下一个步骤。

(3) 相似地，用户 B 选择一个任意整数 $r_\mathrm{B}\in F_q$，任意一次性随机数 n_B，计算 $\mathrm{AU_2}=H(h,r_\mathrm{B},n_\mathrm{B},\mathrm{ID_B})$，然后把 $\mathrm{AU_2}$、r_B、n_B 和 $\mathrm{ID_B}$ 给用户 A。

(4) 同样地，用户 A 计算 $\mathrm{AU}_2' = H(h, r_{\mathrm{B}}, n_{\mathrm{B}}, \mathrm{ID}_{\mathrm{B}})$，比较 $\mathrm{AU}_2 = \mathrm{AU}_2'$，如果不相等，那么 A 在这里停止操作；否则，用户 B 就得到证实并且服务端 A 继续到下一个步骤。

(5) 用户 A 选择一个任意整数 k_{A}（这里的 $(k_{\mathrm{A}}, p+1) = 1$，$2 \nmid k_{\mathrm{A}}$，$p \nmid k_{\mathrm{A}}$），计算 $x_0 = r_{\mathrm{A}} r_{\mathrm{B}} \bmod p$ 和 $X = E_h\left(n_{\mathrm{A}}, F_{k_{\mathrm{A}}}(x_0)\right)$（这里的 $E_h()$ 表示一个有密钥 h 的对称加密算法），A 就把 X 发送给服务端 B。

(6) 相似地，用户 B 选择一个任意整数 k_{B}（这里 $(k_{\mathrm{B}}, p+1) = 1$，$2 \nmid k_{\mathrm{B}}$，$p \nmid k_{\mathrm{B}}$），计算 $x_0 = r_{\mathrm{A}} r_{\mathrm{B}} \bmod p$ 和 $Y = E_h(n_{\mathrm{B}}, F_{k_{\mathrm{B}}}(x_0))$，B 就把信息 Y 发送给服务端 A。

(7) 得到 X 之后，服务端 B 可以通过对 X 解密得到 n_{A}' 和 $F_{k_{\mathrm{A}}}(x_0)$。在计算共享的密钥时，B 应该先检测是否 $n_{\mathrm{A}}' = n_{\mathrm{A}}$。如果关系成立，B 计算公钥 $F_{k_{\mathrm{B}}}(F_{k_{\mathrm{A}}}(x_0)) = F_{k_{\mathrm{B}} k_{\mathrm{A}}}(x_0) = F_{k_{\mathrm{A}}}(F_{k_{\mathrm{B}}}(x_0)) = F_{k_{\mathrm{A}} k_{\mathrm{B}}}(x_0)$ 计算密钥。否则的话，B 应该在这里停止并且重新启动与 A 的密码协议。

(8) 相似地，用户 A 可以通过对 Y 解密得到 n_{B}' 和 $F_{k_{\mathrm{B}}}(x_0)$。在计算共享的密钥时，A 应该检测是否 $n_{\mathrm{B}}' = n_{\mathrm{B}}$，如果关系成立，A 可以像 $F_{k_{\mathrm{A}}}(F_{k_{\mathrm{B}}}(x_0)) = F_{k_{\mathrm{A}} k_{\mathrm{B}}}(x_0)$ $= F_{k_{\mathrm{B}}}(F_{k_{\mathrm{A}}}(x_0)) = F_{k_{\mathrm{B}} k_{\mathrm{A}}}(x_0)$ 一样计算密钥。否则的话，B 就应该在这里停止并且重新启动与 A 的密钥协议。

由于基于可置换有理函数的密钥交换算法的构造与文献[158,159]描述的密码协议一样，所以我们提出的安全特征同样可以抵抗重复攻击和中间人攻击。

8.5 结　论

本章我们讨论可置换有理函数的性质特点，推导出一种新颖的可置换有理函数，并分析了该函数的代数特性，提出了应用于公钥密码系统和密钥交换算法的定理，以及基于可置换有理函数的公钥密码算法和密钥交换算法。公钥密码系统的安全性是建立在整数因式分解问题的难驾驭性的基础上，而密钥交换算法的安全性则依靠推求 $F_n(x)(\bmod p)$ 中的 n，这里 $F_n(x)(\bmod p)$ 是一个可置换有理函数。

第 9 章　基于实数域扩展离散 Chebyshev 多项式的公钥加密算法

9.1　绪　　论

公开密钥加密算法，也称为非对称算法，其主要特征加密密钥与解密密钥不同，加密密钥是可以公开的，并且很难从加密密钥计算出解密密钥。1976 年，Diffie 和 Hellman 发表了“New directions in cryptography”这一划时代的文章，奠定了公钥密码系统的基础[164]，这被视为现代密码学形成的重要标志之一。公钥密码系统在加密、签名、密钥协商等密码学领域得到了广泛的理论研究和实际应用。

2000 年以来，混沌系统应用与密码学得到极大的关注并成为研究热点。自提出以来，混沌系统应用于序列密码、分组密码，并得到学者们深入研究[165-169]。Kocarev 在文献[169]中首次利用 Chebyshev 多项式的混沌特性和半群特性构造出一种公钥加密算法，之后 Bergamo 等在文献[170]中根据 Chebyshev 多项式的三角函数定义，通过反三角函数进行求逆运算，对其成功破解。不久，Maze 等在文献[171]中提出了利用转换特性将计算多项式难题转换成计算离散对数难题的方案，降低了破解难度。2005 年，Yoshimura 和 Kohda 又利用点的共振特性进行了破解[172]。关于混沌公钥密码的设计最关键的问题是如何找到一个合理可行、稳定安全的单向带陷门的函数。

本章将 Chebyshev 多项式结合模运算，将其定义在实数域上进行了扩展，经过理论证明、实验和数据分析，总结出实数域多项式应用于公钥密码的一些性质，根据这些性质，结合 RSA 公钥算法和 ElGamal 公钥算法结构提出基于有限域离散 Chebyshev 多项式的公钥密码算法。该算法结构类似于 RSA 算法，其安全性基于大数因式分解的难度，能够抵抗对于 RSA 的选择密文攻击，并且易于软件实现，同时指出 Bergamo 等提出的混沌公钥密码中的破解方法是可以避免的。

9.2　实数域扩展离散 Chebyshev 多项式

9.2.1　Chebyshev 多项式及其性质

Chebyshev 多项式是由 $T_n(x)=\cos(n\cdot\arccos x),(-1\leqslant x\leqslant 1)$ 所定义的 n 次多项式，其递推关系为

$$T_{n+1}=2xT_n(x)-T_{n-1}(x),n=1,2,\cdots \tag{9.1}$$

且有 $T_0(x)=1,T_1(x)=x$ 。

可以证明 Chebyshev 多项式具有以下重要特性[173]：

1.半群特性

$$\begin{aligned}T_r(T_s(x))&=\cos\left(r\times\arccos\{\cos[s\times\arccos(x)]\}\right)\\&=\cos(rs\times\arccos(x))=T_{sr}(x)=T_s(T_r(x))\end{aligned} \tag{9.2}$$

2.混沌特性

当 $n>1$ 时，n 次 Chebyshev 多项式映射 $T_n:[-1,1]\to[-1,1]$ 的 Lyapunov 指数 $\lambda=\ln n>0$ ，所以它是混沌映射，其分布函数为

$$f^{*}(x)=1/\rho\sqrt{1-x^2},x\in[-1,1]. \tag{9.3}$$

9.2.2　实数域扩展离散的 Chebyshev 多项式

由于 Chebyshev 多项式是代数多项式，因此可以很容易地把式(9.1)扩展到实数域，得到实数域扩散离散 Chebyshev 多项式 $F_n(x)$ 定义如下。

设 $n\in N$ ，实数 $|x|>1$， P 为非零实数且 $|p|>1$，实数域扩散离散 Chebyshev 多项式迭代关系表达式为[174]

$$F_n(x)=\left[2xF_{n-1}(x)=F_{n-2}(x)\right](\bmod p),n\geqslant 2, \tag{9.4}$$

且有 $F_0(x)=1\bmod p,F_1(x)=x\bmod p$ 。本章有关 Chebyshev 多项式 $F_n(x)$ 的讨论和计算都在实数域上进行。

实数域扩散离散的 Chebyshev 多项式还保留着其原来作为加解密基础算法的

半群特性。根据半群特性在实数域中的定义，可知其在有限域上可表示如下：

$$F_r\left[F_s(x)(\operatorname{mod} p)\right](\operatorname{mod} p)=F_{rs(x)}(\operatorname{mod} p)=F_s\left[F_r(x)(\operatorname{mod} p)\right](\operatorname{mod} p)$$
$$\Rightarrow F_r\left[F_s(x)\right](\operatorname{mod} p)=F_{rs}(x)(\operatorname{mod} p)=F_s\left[T_r(x)\right](\operatorname{mod} p). \tag{9.5}$$

由于半群特性的存在，使得有限域 Chebyshev 多项式可以用来构造公钥体系。

9.3 实数域扩散离散的 Chebyshev 多项式的公钥算法

提出的公开密钥加密算法与 RSA 相似，其安全性都是基于大数因式分解的难度，所不同的是利用混沌映射进行迭代，并利用实数域扩散离散的 Chebyshev 多项式的半群特性。

算法的描述主要分成三个部分，即密钥产生、加密和解密。

步骤 1 密钥产生

①Alice 随机选取 2 个大素数 p 和 q，它们具有相同的长度；

②计算 $N=pq$ 和 $\phi=(p^2-1)(q^2-1)$；

③随即选取整数 e，使得 $1<e<\phi$，并且 $\gcd(e,\phi)=1$；

④用欧几里德扩展算法计算 d，以满足 $ed\equiv 1\operatorname{mod}\phi$；

⑤随机选择一个整数 x_0，且 $x_0>1$，计算 $F_d(x_0)=F_d(x_0)\operatorname{mod} N$。

此时，Alice 的公开密钥为 $(N,e,x_0,F_d(x_0))$，私人密钥为 (N,d)。

步骤 2 加密

Bob 为了加密消息 M，须完成以下步骤：

①获得经过认证的 Alice 的公钥 $(N,e,x_0,F_d(x_0))$；

②将消息变换成一个整数 M；

③计算 $F_{e\cdot d}(x_0)=F_e(F_d(x_0))\operatorname{mod} N$， $X=M\cdot F_{e\cdot d}(x_0)$ 和 $F_e(x_0)=F_e(x_0)\operatorname{mod} N$；

④发送密文 $C=(F_e(x_0),X)$ 给 Alice。

步骤 3 解密

①Alice 收到密文 $C=(F_e(x_0),X)$；

②使用密钥 (N,d) 计算 $F_{d\cdot e}(x_0)=F_d(F_e(x_0))\operatorname{mod} N$；

③求 $M=X/F_{d\cdot e}(x_0)$。

整数 e 和整数 d 在传统的 RSA 算法里面称为加密指数和解密指数，N 叫作模数。与 RSA 相比，我们提出的算法有两个步骤与 RSA 算法是不同的。在步骤 2 中的③中，我们使用实数域扩散离散的 Chebyshev 多项式的迭代来加密明文，即

$F_{e\cdot d}(x_0)=F_e(F_d(x_0))\bmod N$，$X=M\cdot F_{e\cdot d}(x_0)$，而 RSA 算法使用$C=M^e(\bmod N)$；在步骤 3 中的②中，我们同样使用实数域扩散离散的 Chebyshev 多项式的迭代来解密密文，即$F_{d\cdot e}(x_0)=F_d(F_e(x_0))\bmod N$，$M=X/F_{d\cdot e}(x_0)$，而传统的 RSA 算法使用$M=C^e(\bmod N)$来解密密文。

9.4　算法性能分析

9.4.1　合理性分析

根据如下 Chebyshev 多项式迭代公式：

$$F_0(x)=1,F_1(x)=x,F_2(x)=2x^2-1,\cdots,\ F_{n+1}(x)=2xF_n(x)-F_{n-1}(x),n=1,2,\cdots$$

由 n 维 Chebyshev 多项式的半群特性，得

$$F_r(F_s(x))=F_{rs}(x)=F_s(F_r(x)) \tag{9.6}$$

式中，$r\in\mathbf{Z},s\in\mathbf{Z}$。

将式(9.6)取模任一个大于 1 的整数 N 得

$$F_r(F_s(x))\bmod N=F_{rs}(x)\bmod N=F_s(F_r(x)\bmod N)\bmod N \tag{9.7}$$

尽管 x 的取值范围有所变化，但是这不改变上述的半群特性，正因为这样，上述新算法显然是正确的。因为

$$X=M\cdot F_e(F_d(x_0))\bmod N$$

$$F_e\left(F_d(x_0)\right)\bmod N=F_{ed}(x_0)\bmod N=F_d(F_e(x_0)\bmod N)\bmod N=F_{de}(x_0)\bmod N$$

所以$M=X/F_d(F_e(x_0)\bmod N$。

9.4.2　安全性分析

本章算法与 RSA 算法有着相同的结构，要破解提出的算法，首先要得到私钥(N,d)，因此其安全性与 RSA 算法相当。理论上，RSA 算法的安全性取决于因式分解模 N 的困难性，虽然从技术上来说这是不正确的，因为在数学上至今还未证明分解模数就是攻击 RSA 的最佳方法，也未证明分解大整数就是 NP 问题。而事实上，人们设想了一些非因子分解的途径来攻击 RSA 体制，但这些方法都不比分解 N 容易。因此，提出的算法的安全性是可靠的。

同时根据 Chebyshev 多项式迭代关系，$F_n(x)$的多项式又表达为

$$F_n(x)\equiv(a_nx^n+a_{n-1}x^{n-1}+\cdots a_1x+a_0)\bmod p \tag{9.8}$$

由于 ElGamal 加密方案是基于有限域上离散对数难解问题上，即已知x, x_n求n是很困难的；类似有新方案，已知$x, F_n(x)$，其中$F_n(x) \bmod p$是一个关于x的n次多项式，因此已知$x, F_n(x) \bmod p$求出n将在计算上是不可行的。

9.4.3 算法的可行性分析

快速算法[175]如下：

设整数s可分解为

$$s = \underbrace{s_1 \cdots s_1}_{k_1} \underbrace{s_2 \cdots s_2}_{k_2} \cdots \underbrace{s_i \cdots s_i}_{k^i} = s_1^{k_1} s_2^{k_2} \cdots s_i^{k_i}, \tag{9.9}$$

则由 Chebyshev 多项式的半群特性得

$$F_s(x)(\bmod p) = F_{s_1}^{k_1}\left\{F_{s_2}^{k_2}[\cdots F_{s_i}^{k_i}(x)]\right\}(\bmod p). \tag{9.10}$$

为了计算$F_s(x)(\bmod p)$，只需进行$k_1 + k_2 + \cdots k_i$次迭代即可。s的取值因子越多，其效率会越高。确切地讲，在 2048bit 精度下，s和r的上界是2^{970}。

9.4.4 算法效率和复杂性分析

上述算法由于需要像 RSA、ElGamal 等算法选择一个大素数，由文献[176]可得实数域离散多项式的迭代算法的时间复杂度为$o(\log_2 n)$，所以基于实数域离散多项式的公钥算法的效率与 RSA、ElGamal 相同。

9.4.5 选择迭代初值需要注意的两类值

1.几个特殊的不能用来加密的x值

由式(9.4)可知：当$x = 0$时，$F_n(0)$的值是 1、0、−1、0 的循环；当$x = 1$时，$F_n(1) = 1$；当$x = p-1$时，$F_n(p-1)$的值是 1 和$p-1$的循环，这些值都是模p计算后的结果[173]。

由于$x = 0,1,p-1$时，取$F_n(x)$值的特殊性使得它容易被破解，因此在加密过程中不选择这三个点作为密钥。

2.迭代特性对 x 的影响

由文献[174]的迭代特性可以扩展到实数域上，得到

$$F_n\left(\frac{1}{2}(a+a^{-1})\right)(\bmod p)=\frac{1}{2}(a^n+a^{-n})(\bmod p), \tag{9.11}$$

则已知公钥 $(x,y),x,y\in\mathbf{R}$， $y=F_n(x)$ 后，破解 n 的过程为

①令 $\frac{1}{2}(a+a^{-1})=x$，则 $a=x+\sqrt{x^2-1}$；

②由式(9.11)得 $F_n(x)\equiv F_n\left(\frac{1}{2}(a+a^{-1})\right)(\bmod p)=\frac{1}{2}(a^n+a^{-n})(\bmod p)\equiv y$；

③得到 $a^n=y\pm\sqrt{y^2-1}$；

④已知 a,a^n，可通过求对数得到 n。

从以上破解过程可知，在利用迭代特性将求实数域 Chebyshev 多项式 $F_n(x)$ 中的问题转化为求离散对数的问题时，须满足 (x^2-1) 是模 p 的平方剩余，当 $\gcd((x^2-1),r)=1$ 时，$m^2\equiv(x^2-1)(\bmod p)$ 有解[175]。否则，就不能求出 a，破解也就不可行。因此，在选取密钥 (x,y) 时，只要选择 x 使得 (x^2-1) 不是模 p 的平方剩余，就可以避免破解者利用迭代特性将求解 n 的复杂度降低。

9.5　小　　结

将 Chebyshev 多项式结合模运算，将其定义在实数域上进行扩展，结合 RSA 算法中密钥产生结构和 ElGamal 加密方案，利用 Chebyshev 多项式的半群特性，提出一种基于实数域的 Chebyshev 多项式的公开密钥算法，其安全性与 RSA 算法相似，基于大数因式分解的难度，或者与 ElGamal 的离散对数难度相当，并易于软件实现。下一阶段，将通过研究提出基于有限域 Chebyshev 多项式的密钥协商、公钥加密和数字签名算法，并通过实验，分析其作为公钥加密系统的基础相对于 RSA 和 ElGamal 系统在计算效率上的优势。

后　记

本书主要研究混沌伪随机序列的性能及其在保密通信中的应用。在总结前人经验的基础上，主要做了以下一些工作：

(1) 对区间数目参数化分段线性混沌映射(SNP-PLCM)的密码学特性进行详细分析，并以此为基础，提出了一种基于区间数目参数化分段线性混沌映射的伪随机序列发生器。该发生器同时利用控制参数扰动策略和输出序列扰动策略避免数字化混沌系统的动力学特性退化。理论分析和仿真实验结果表明，该算法产生的伪随机序列具有理想的性能。

(2) 混沌伪随机序列应用于 S 盒，提出了一种基于混沌序列的可度量动态 S 盒的设计方法。该方法利用区间数目参数化 PLCM 良好的密码特性产生伪随机序列，然后用伪随机序列构造混沌动态 S 盒。数值分析结果表明，所设计的 S 盒有较高的非线性度和良好的严格雪崩特性。

(3) 提出一种基于混沌动态 S 盒和非线性移位寄存器的快速序列密码算法，该算法利用混沌伪随机序列初始化非线性移位寄存器(NLFSR)、构造非线性移位寄存器的更新函数和混沌动态 S 盒。非线性移位寄存器每循环一次输出 32 比特密钥流。每输出 2^{16} 比特密钥流，混沌 $S_k(\cdot)$ 盒动态更新一次，使得在安全和效率方面有一个比较好的折中点。实验结果表明该方法可以得到独立、均匀和长周期的密钥流序列，同时可以有效地克服混沌序列在有限精度实现时出现短周期和 NLFSR 每循环 1 次输出 1 比特密钥流的低效率问题。

(4) 结合传统的 Hash 函数结构与混沌动态 S 盒，提出了一种基于混沌动态 S 盒的带密钥的 Hash 函数，该方法利用混沌动态 S 盒和函数查找表来生成具有混沌特性的 Hash 散列值，与现有的混沌 Hash 函数相比，该方法利用混沌动态 S 盒提高了系统的实时性能。结果表明该算法不仅具有很好的单向性、初值和密钥敏感性，而且实行的速度快，易于实现。

(5) 提出一种基于分段映射的保密通信算法。算法中使用两个混沌系统，运用一个混沌系统所输出的混沌符号序列跟踪预定的要传输的信息符号序列；运用从另一个混沌系统中所提供的二进制序列，采用混沌掩码技术对要传输的信息进行加密。理论分析和实验结果表明，该算法运算速度快、容易实现且安全性高，具有很强的实用价值。

(6)首先介绍了可置换有理多项式的性质和特点，然后提出了一种新颖的可置换有理函数，并分析了该置换有理函数的代数特性，提出应用于公钥算法和密钥交换算法的重要定理。最后提出了基于可置换有理多项式的公钥密码算法和可置换密钥算法的详细过程，分析了公钥密码算法和可置换密钥算法的安全性和可行性。

(7)将 Chebyshev 多项式结合模运算，将其定义在实数域上进行扩展，结合 RSA 算法中密钥产生结构和 ElGamal 加密方案，利用 Chebyshev 多项式的半群特性，提出一种基于实数域的 Chebyshev 多项式的公开密钥算法，其安全性与 RSA 算法相似，基于大数因式分解的难度，或者与 ElGamal 的离散对数难度相当，并易于软件实现。下一阶段，将通过研究提出基于有限域 Chebyshev 多项式的密钥协商、公钥加密和数字签名算法，并通过实验，分析其作为公钥加密系统的基础相对于 RSA 和 ElGamal 系统在计算效率上的优势。

目前，混沌理论在保密通信领域的应用仍处在发展时期，还有一系列的理论问题和关键技术需要继续探索和解决。总结个人的研究体会，混沌密码学及其保密通信具有前景的研究方向应在以下几个方面：

(1)混沌序列的理论安全证明问题：混沌序列密码要真正得到应用，不仅要在理论上安全，而且要具有实际安全。目前的混沌序列密码算法产生的密钥流，很多是通过仿真实验证明密钥流的随机性，还不能从理论上像传统密码学那样有其成熟的理论体系。要想使混沌密码学能够像经典密码学那样被广泛地认可和使用，就必须建立一套完整的分析系统安全性的评价标准，这需要密码学和混沌学两个领域的专家学者共同努力来推动。

(2)在计算机有限精度下，混沌序列会退化为周期序列。如何准确确定退化后的混沌序列的周期以及如何避免计算机有限精度的影响是当前混沌密码学研究中的一个难题，也是将混沌密码学推向实际应用的一个非常值得研究的问题。

(3)目前，利用混沌来构造公开密钥密码的研究成果还非常少，个人认为对这个方向的进一步深入研究是一件很有意义的事情。

(4)随着一些传统 Hash 函数的碰撞性问题的发现，找寻新的 Hash 函数成为密码学界当前的研究热点。基于混沌的 Hash 函数作为一种新的设计思路，值得研究。

(5)混沌同步方法还不等同于混沌通信。研究混沌同步是混沌通信的基础。混沌同步研究的范围相对要小一些，很多条件都是理想化的，而且注重理论推导。混沌通信要考虑的问题涉及许多方面，如传输信道、抗干扰、电路匹配、加密方法等。混沌同步能够实现，只是使混沌通信成为可能，而在其他方面的研究工作同样重要。从另一方面来讲，混沌同步作为混沌通信的理论基石，同时也是人们认识混沌机理的一个重要方面。也许很多种混沌同步方法不一定会很快实现实用价值，但每一种新方法的提出都会给人们以新的启示，从而开辟一条新的研究道路。混沌同步和混沌通信的研究尽管已经建立起了一些概念和方法，都还未达到成熟的地步。

上述几个方面只是作者目前的个人体会，远远不能涵盖该领域的众多研究内容。

总的来说，本书在借鉴同行成果的基础上，进行了有益的探索和研究，取得了一定的拓展和创新，有助于丰富现代密码学的内容，促进信息安全技术的发展，为安全系统的设计提供更多的思路和手段。但是今后仍然需要加倍努力，在现有的研究基础上继续做进一步深入的研究。

由于作者水平有限，本书难免存在不足或错误之处，恳请各位专家学者批评指正！

参 考 文 献

[1]杨义先, 钮心忻, 任金强. 信息安全新技术[M]. 北京: 北京邮电大学出版社, 2002.

[2]王育民, 刘建伟. 通信网的安全理论与技术[M]. 西安: 西安电子科技大学出版社, 1999.

[3]Stinson D. 密码学原理与实践[M]. 3 版. 冯登国, 译. 北京: 电子工业出版社, 2009.

[4]Stallings W. 密码编码学与网络安全: 原理与实践[M]. 杨明, 译. 北京: 电子工业出版社, 2001.

[5]Mao W. 现代密码学理论与实践[M]. 王继林, 译. 北京: 电子工业出版社, 2004.

[6]杨波. 网络安全理论与应用[M]. 北京: 电子工业出版社, 2002.

[7]Schneier B. Secrets & lies: Digital Security in Networked World[M]. New York: Jone Wiley&Sons, 2000.

[8]Matteis A D, Pagnutti S. Long-range correlation in linear and nonlinear random number generation[J]. Parallel Computing, 1990, 14: 207-210.

[9]胡国杰. 混沌保密通信系统的保密性能分析及新型混沌数字加密系统理论设计[D]. 上海: 上海交通大学. 2003.

[10]彭召旺. 混沌系统的最优反馈控制及其在信息存储中的应用研究[D]. 上海: 上海交通大学, 2002.

[11]陆启韶. 分岔与奇异性[M]. 上海: 上海科技教育出版社, 1995.

[12]郝柏林. 从抛物线谈起－混沌动力学引论[M]. 上海: 上海科技教育出版社, 1993.

[13]陈式刚. 映象与混沌[M]. 北京: 北京国防工业出版社, 1992.

[14]Robert A M. On the derivation of a “chaotic” encryption algorithm[J]. Cryptologia, 1989, 8(1): 29-42.

[15]Pecora L M, Carroll T L. Synchronization in chaotic systems[J]. Physical Review Letters, 1990, 64(8): 821-824.

[16]Habutsu T, Nishio Y, Sasase I, et al. A secret key cryptosystem by iterating a chaotic map[J]. Lecture Notes in Computer Science, 1991, 547: 127-140.

[17]王东生, 曹磊. 混沌、分形及其应用[M]. 合肥: 中国科技大学出版社, 1995.

[18]Li T Y, Yorke J A. Period three implies chaos[J]. Am. Math. Monthly, 1975, 82(10): 985-992.

[19]舒斯特 H G. 混沌学引论[M]. 朱鋐雄, 林圭年, 丁达夫, 译. 成都: 四川教育出版社, 1994.

[20]Eckmann J P, Ruelle D. Ergodic theory of chaos and strange attractor[J]. Rev. Mod. Phys., 1985, 57: 617-656.

[21]Liao X F, Wong K W, Leung C S, et al. Hopf bifurcation and chaos in a single delayed neuron equation with non-monotonic activation function[J]. Chaos, Solitons and Fractals, 2001, 12(8): 1535-1547.

[22]Gopalsmay K, Leung I C. Convergence under dynamical thresholds with delays[J]. IEEE Transactions on Neural Networks, 1997, 8(2): 341-348.

[23]彭军, 廖晓峰, 吴中福, 等. 一个时延混沌系统的耦合同步及其在保密通信中的应用[J]. 计算机研究与发展, 2003, 40(2): 263-268.

[24]Shannon C E. Communication theory of secrecy systems[J]. Bell System Technology Journal, 1949, 28: 656-715.

[25]Golomb S W. Shift Register Sequence[M]. Laguna Hills: Aegean Park Press (Revised), 1981.

[26]白恩健. 伪随机序列构造及其随机性分析[D]. 西安: 西安电子科技大学, 2004.

[27]Fan P, Darnell M. Sequence Design for Communications Applications[M]. London: Research Studies Press, 1996.

[28]Pless V. Introduction to the Theory of Error-correcting Codes[M]. Third Edition. New York: Mathematics of Computation, 1991.

[29]冯登国, 裴定一. 密码学导引[M]. 北京: 科学技术出版社, 1999.

[30]丁存生, 肖国镇. 流密码学及其应用[M]. 北京: 国防工业出版社, 1994.

[31]Massey J L. Shift register synthesis and BCH decoding[J]. IEEE Transactions on Information Theory, 1969, 15(1): 122-127.

[32]Niederreiter H. New developments in uniform pseudorandom number and vector generation[J]. Lecture Notes in Statistics, 1995, 106: 87-120.

[33]Schmitz R. Use of chaotic dynamical systems in cryptography[J]. Journal of the Franklin Institute, 2001, 338: 429-441.

[34]Kohda T, Tsyneda A. Chaotic bit sequences for stream cryptography and their correlation factions[C]. SPIE Proc., 1995, 2612: 86-97.

[35]Peyravian M, Matyas S M, Roginsky A, et al. Generating user-based cryptographic keys and random numbers[J]. Computers & Security, 1999, 18(7): 619-626.

[36]Hellekalek P. Good random number generators are (not so) easy to find[J]. Mathematics and Computers in Simulation, 1998, 46(1): 485-505.

[37]Pareek N K, Patidar V, Sud K K. Discrete chaotic cryptography using external key[J]. Physics Letters A, 2003, 309(1-2): 75-82.

[38]周红, 俞军, 凌燮亭. 混沌前馈型流密码的设计[J]. 电子学报, 1998, 26(1): 98-101.

[39]桑涛, 王汝笠, 严义埙. 一类新型混沌反馈密码序列的理论设计[J]. 电子学报, 1999, 27(7): 47-50.

[40]周红, 罗杰, 凌燮亭. 混沌非线性反馈密码序列的理论设计和有限精度实现[J]. 电子学报, 1997, 25(10): 57-60.

[41]Kocarev L, Jakimoski G. Pseudorandom bits generated by chaotic maps[J]. IEEE Transactions on Circuits and Systems-I, 2003, 50(1): 123-126.

[42]胡汉平, 刘双红, 王祖喜, 等. 一种混沌密钥流产生方法[J]. 计算机学报, 2004, 27(3): 408-412.

[43]Schneier B. 应用密码学: 协议、算法与C源程序[M]. 吴世忠, 译. 北京: 机械工业出版社, 2000.

[44]L' Ecuyer P. Uniform random number generation[J]. Annals of Operations Research, 1994, 53: 77-120.

[45]Gonzalez J A, Pino R. A random number generator based on unpredictable chaotic function[J]. Computer Physics Communications, 1999, 120(2-3): 109-114.

[46]Goldreich O. 密码学基础[M]. 温巧燕, 译. 北京: 人民邮电出版社, 2003.

[47]Li P, Li Z, Halang W A, et al. A multiple pseudorandom-bit generator based on a spatiotemporal chaotic map[J]. Physics Letters A, 2006, 349(6): 467-473.

[48]Jakimoski G, Kocarev L. Analysis of some recently proposed chaos-based encryption algorithms[J]. Physics Letters A, 2001, 291(6): 381-384.

[49]马新友. 伪随机序列特性分析及其通用分析软件包实现[D]. 成都: 电子科技大学, 2001.

[50]Trujillo L, Suarez J J, Gonzalez J A. Random maps in physical systems[J]. Europhys. Lett., 2004, 66(5): 638-644.

[51]Andrew R, Juan S, James N. A statistical test suite for random and pseudorandom number generators for cryptographic applications[M]. NIST Special Publication, 800-22, 2001.

[52]Shannon C E. A mathematical theory of communication[J]. BellSyst. Tech. J. , 1948, 27 (3): 379-423.

[53]Stojanovski T, Kocarev L. Chaos-based random number generators Part I: Analysis[J]. IEEE. Transactions CAS. I, 2001, 48(3): 200-204.

[54]Massey J L. Cryptography and system theory[C]. Proc. 24# Allerton Conf. Commun. , Control, Comput. , Oct. 1-3, 1986.

[55]Rueppel R A. Linear complexity and random sequences[C]. Advances in Cryptology, EURO CRYPT' 85, 1986: 167-188.

[56]Jansen J A, Boekee D A. The shortest feedback shift register that can generate a given sequence. Advances in Cryptology[C]. EUROCRYPTO' 89, 1990: 90-99.

[57]苏桂平. 信息安全中随机序列研究及小波分析的应用[D]. 北京: 中国科学院软件研究所, 2002.

[58]Kimberley M. Comparison of two statistical tests for keystream sequences[J]. Electronics Letters, 1987, 23(8): 365-366.

[59]王玉柱. 随机性侧试研究与实现[D]. 安徽: 中国科学技术大学, 2000.

[60]张咏. 随机数发生器和随机数性能检测方法研究[D]. 成都: 电子科技大学, 2006.

[61]Pincus S, Singer B H. Randomness and degrees of irregularity[J]. Proc. Nat 1. Acad. Sci. USA, 93, March 1996: 2083-2088.

[62]Sang T, Wang R L, Yan Y X. Clock-controlled chaotic keystream generators[J]. Electronics Letters, 1998, 34(20): 1932-1934.

[63]Zhou H, Ling X T. Generating chaotic secure sequences with desired statistical properties and high security[J]. Int. J. Bifurcation and Chaos, 1997, 7(1): 205-213.

[64]Li S J, Li Q, Mou X Q, et al. Statistical properties of digital piecewise linear chaotic maps and their roles in cryptography and pseudo-random coding[C]. In Cryptography and Coding-8th IMA Int. conf. Proc. , Lecture Notes in Computer Science vol. 2260, 2001: 205-221.

[65]Brown B, Chua L O. Clarifying chaos: Examples and counterexamples[J]. Int. J. Bifurcation and Chaos, 1996, 6(2): 219-249.

[66]Bernstein G M, Lieberman M A. Secure random number generation using chaotic circuits[J]. IEEE Trans. Circuits and Systems, 1990, 37(9): 1157-1164.

[67]李树钧, 牟轩沁, 纪震, 等. 一类混沌流密码的分析[J]. 电子与信息学报, 2003, 25(4): 473-478.

[68]周红, 凌燮亭. 有限精度混沌系统的序列扰动实现[J]. 电子学报, 1997, 25(7): 95-97.

[69]李树钧. 数字化混沌密码的分析与设计[D]. 西安: 西安交通大学, 2003.

[70]丘水生, 陈艳峰, 吴敏, 等. 混沌加密的若干问题与新的加密系统方案[C]. 2002 中国非线性电路与系统学术会议论文集, 2002: 174-179.

[71]王育民. 混沌密码序列使用化问题[J]. 西安电子科技大学学报, 1997, 24(4): 560-562.

[72]王云峰. 基于混沌的密码算法及关键技术研究[D]. 杭州: 浙江大学, 2006.

[73]胡国杰. 混沌保密通信系统的保密性能分析及新型混沌数字加密系统理论设计[D]. 上海: 上海交通大学, 2003.

[74]Bianco M E, Reed D A. Encryption system based on chaos theory[J]. US: 5048086, 1991.

[75]Wheeler D D, Matthews R A J. Supercomputer investigations of a chaotic encryption algorithm[J]. Cryptologia, XV(2), 1991: 140-151.

[76]Erdmann D, Murphy S. Henon stream cipher[J]. Electronics Letter, 1992, 8(9): 893-895.

[77]Woodcock C F, Smart N P. P-adic chaos and random number generation[J]. Experimental Mathematics, 1998, 7(4): 333-342.

[78]Lasota A, Mackey M C. Chaos, Fractals, and Noise-Stochastic Aspects of Dynamics[M]. 2nd ed. New York: Springer-Verlag, 1997.

[79]Stallings W. 密码编码学与网络安全: 原理与实践[M]. 杨明, 译. 2 版. 北京: 电子工业出版社, 2001.

[80]孙淑玲. 应用密码学[M]. 北京: 清华大学出版社, Springer, 2004.

[81]Schneier B. Applied Cryptography：Protocols, Algorithms, and Source Code in C[M]. 2nd ed. New York: John Wiley & Sons, 1996.

[82]杨义先, 林须端. 编码密码学[M]. 北京: 人民邮电出版社, 1992.

[83]Kocarev L. Chaos-based cryptography: A brief overview[J]. IEEE Trans. on CAS-I, 2001, 1(3): 6-21.

[84]Fridrich J. Symmetric cipher based on two dimensional chaotic maps[J]. International Journal of Bifurcation and Chaos, 1998, 8(6): 1259-1284.

[85]Kocarev L, Jakimoski G, Stojanovski T, et al. From chaotic maps to encryption schemes[J]. Proceedings of the IEEE International Symposium on Circuits and Systems, 1998, 10(4): 514-517.

[86]Gotz M, Kelber K, Schwarz W. Discrete-time chaotic encryption systems-Part I: Statistical design approach[J]. IEEE Transactions on Circuits and Systems-I, 1997, 44(10): 963-970.

[87]Dachselt F, Schwarz W. Chaos and cryptography[J]. IEEE Transactions on Circuits and Systems-I, 2001, 48(12): 1498-1509.

[88]Zhou H, Ling X T. Problems with the chaotic inverse system encryption approach[J]. IEEE Transactions on Circuits and Systems-I, 1997, 44(3): 268-271.

[89]Zhou H, Ling X T, Yu J. Secure communication via one dimensional chaotic inverse systems[J]. Proceedings of the IEEE International Symposium on Circuits and Systems, 1997, 26(2): 9-12.

[90]Zhou L H, Feng Z G. A new idea of using one-dimensional PWL map in digital secure communications-dual-resolution approach[J]. IEEE Transactions on Circuits and Systems-II, 2000, 47(10): 1107-1111.

[91]Wheeler D D. Problems with chaotic cryptosystems[J]. Cryptologia, 1989, 8(3): 243-250.

[92]Wheeler D D, Matthews R A J. Supercomputer investigations of a chaotic encryption algorithm[J]. Cryptologia, 1991, 11(2): 140-252.

[93]Wei J, Liao X F, Wong K W, et al. A new chaotic cryptosystem[J]. Chaos, Solitons & Fractals, 2006, 30(5): 1143-1152.

[94]Heidari-Bateni G, McGillem C D. A chaotic direct-sequence spread-spectrum communication system[J]. IEEE Trans. Communications, 1994, 42(2/3/4): 1524-1527.

[95]Baptista M S. Cryptography with chaos[J]. Physics Letters A, 1998, 240(1-2): 50-54.

[96]王永. 混沌加密算法和 Hash 函数构造研究[D]. 重庆: 重庆大学, 2007.

[97]Forre R. The Strict Avalanche Criterion: Spectral properties of boolean functions and an extended definition[C]. On Advances in Cryptology: Proc. of CRYPTO' 88, Springer-Verlag, Berlin, 1989.

[98]Detombe J, Tavares S. Constructing large cryptographically strong S-boxes[C]. Advances in Cryptology, Proc. of CRYPTO92, Lecture Notes in Computer Science, 1992.

[99]Biham E, Shamir A. Differential cryptanalysis of DES-like cryptosystems[J]. Journal of Cryptology, 1991, 4(1): 63-72.

[100]Yi X, Cheng S X, You X H. A method for obtaining cryptographically strong 8×8 S-boxes[C]. Global Telecommunications Conference, 1997, GLOBECOM' 97, IEEE, 1997, 2: 689-693

[101]Jakimoski G, Kocarev L. Chaos and cryptography: block encryption ciphers[J]. IEEE Transactions on Circuits and Systems-I, 2001, 48(2): 163-170.

[102]Tang G P, Liao X F, Chen Y. A novel method for designing S-boxes based on chaotic maps[J]. Chaos, Solitons and Fractals, 2005, 23(4): 413-419.

[103]Uís J, Ugalde E, Salazar G. A cryptosystem based on cellular automata[J]. Chaos, 1998, 8(4): 819-822.

[104]Guo D, Cheng L M, Cheng L L. A new symmetric probabilistic encryption scheme based on chaotic attractors of neural networks[J]. Applied Intelligence, 1999, 10(1): 71-84.

[105]Li S J, Zheng X, Mou X Q, et al. Chaotic encryption scheme for real-time digital video[J]. In Real-Time Imaging VI, Proceedings of SPIE vol. 4666, 2002: 149-160.

[106]Seberry J, Zhang X M, Zheng Y. Systematic generation of cryptographically robust S-boxes[C]. Proceeding of the First ACM Conference on Computer and Communications Security. The Association for Computing Machinery, New York, 1993.

[107]Webster F, Tavares S E. On the design of S-Boxes[C]. Advances in Cryptology-CRYPTO' 85 Proceedings, Berlin: Springer-Verlag, 1986.

[108]冯登国, 吴文玲. 分组密码的设计与分析[M]. 北京: 清华大学出版社, 2000.

[109]Adams C, Tavares S. Good S-boxes are easy to find[C]. Advances in cryptology, Proc. of CRYPTO' 89, Lecture Notes in Computer Science, 1989: 612-615

[110]刘晓晨, 冯登国. 满足若干密码学性质 *S* 盒的构造[J]. 软件学报, 2000, 11(10): 1299-1302.

[111]Alvarez E, Fernández A, García P, et al. New approach to chaotic encryption[J]. Phys. Lett. A, 1999, 263 (4-6): 373-375.

[112]Chen G, Mao Y, Chui C K. A symmetric image encryption scheme based on 3D chaotic cat maps[J]. Chaos, Solitons & Fractals, 2003, 21: 749-761.

[113]Wang X, Feng D, Lai X, et al. Collisions for Hash functions MD4, MD5, HAVAL-128 and RIPEMD[C]. Rump Session of Crypto' 04 E-print, 2004.

[114]Wang X, Lai X, Feng D, et al. Cryptanalysis of the Hash functions MD4 and RIPEMD[C]. Proceedings of Eurocrypt' 05, Aarhus, Denmark, 2005: 1-18.

[115]李更强. 基于 TD-ERCS 混沌系统的 Hash 函数的设计与分析[D]. 长沙: 中南大学, 2007.

[116]李红达, 冯登国. 复合离散混沌动力系统与散列函数[J]. 计算机学报, 2003, 4(26): 21-26.
[117]刘军宁, 谢杰成, 王普. 基于混沌映射的单向散列函数构造[J]. 清华大学学报(自然科学版), 2000, 7(40): 55-58.
[118]Xiao D, Liao X F, Deng S J. One-way hash function construction based on the chaotic map with changeable-parameter[J]. Chaos Solitons & Fractals, 2005, 24(1): 65-71.
[119]Pieprzyh J, Sadeghiyan B. Design of hashing algorithm[J]: Springer-verlag, 1993, 20 (5): 20-21.
[120]Stevens M, Lenstra A, Weger B D. Chosen-prefix collisions for MD5 and colliding X. 509 certificates for different identifies[J]. Advances in Cryptology-EUROCRYPT, 2007: 1-22.
[121]Wang X Y, Yin X L, Yu H B. Finding collisions in the Full SHA-11[C]. CryPto' 05, 2005: 17-36.
[122]Wang X Y, Yao A, Yao F. Cryptanalysis on SHA-1[C]. Session Crypto' 05, 2005.
[123]NIST. NIST comments on cryptanalytic attacks on SHA-1[EB/01]. http: //csrc. nist. gov/hash standards comments. pdf.
[124]NIST. Hash function workshop[EB/01]. http: //www. csrc. nist. gov/pki /HashWorkshop/ index. html.
[125]Wong K W. A combined chaotic cryptographic and hashing scheme[J]. Physics Letters A, 2003, 307: 292-298.
[126]Yi Y. Hash function based on chaotic tent maps[J]. IEEE Transactions on Circuits and Systems-II, 2005, 52(6): 354-357.
[127]Davies R W, Price W L. Digital signature an update[C]. Proceedings International Conference on Computer Communications, Sydney, Elsevier, North-Holland, 1984: 843-847.
[128]Matyas S M, Meyer C H, Oseas J. Generating strong one-way functions with cryptographic algorithm[J]. IBM Technical Disclosure Bulletin, 1985, 27(10): 5658-5659.
[129]Lian S, Liu Z, Ren Z, et al, Hash function based on chaotic neural networks[C]. Proceedings of the 2006 International Symposium on Circuits and Systems, 2006: 237-240.
[130]Xiao D, Liao X F, Deng S J. One-way Hash function construction based on the chaotic map with changeable-parameter[J]. Chaos Solitons & Fractals, 2006, 24: 65-71.
[131]彭飞, 丘水生, 龙敏. 基于二维混沌映射的单向 Hash 函数构造[J]. 物理学报, 2005, 54(10): 4562-4568.
[132]王小敏, 张家树, 张文芳. 基于广义混沌映射切换的单向 Hash 函数构造[J]. 物理学报, 2003, 52(11): 2737-2742.
[133]韦鹏程, 张伟, 廖晓峰, 等. 基于双混沌系统的带秘密密钥散列函数构造[J]. 通信学报, 2006, 27(9): 27-33.
[134]王小敏, 张家树, 张文芳. 基于复合非线性数字滤波器的 Hash 函数构造[J]. 物理学报, 2005, 54(12): 5566-5573.
[135]Zhang J S, Wang X M, Zhang W F. Chaotic keyed hash function based on feedforward-feedback nonlinear digital filter[J]. Physics letters A, 2007, 362: 439-448.
[136]王继志, 王英龙, 王美琴. 一类基于混沌映射构造 Hash 函数方法的碰撞缺陷[J]. 物理学报, 2006, 55(10): 5048-5054.
[137]Feistel H. Cryptography and Computer Privacy[J]. Scientific American, 1973, 228(5): 15-23.
[138]Diffie W, Hellman M E. New directions in cryptography[J]. IEEE Transactions on Information Theory, 1976, 22(6): 644-654.
[139]郭现峰, 张家树. 基于混沌动态 S-Box 的 Hash 函数构造[J]. 物理学报, 2006, 55(9).
[140]张瀚, 王秀峰, 李朝晖, 等. 基于时空混沌系统的单向 Hash 函数构造[J]. 物理学报, 2000, 54: 4006-4011.
[141]Pecora L, Carroll T L. Synchronization in chaotic systems[J]. Phys. Rev. Lett, 1990, 64: 821-823.

[142]汪芙平, 王赞基, 郭静波. 混沌通信的若干问题及现状研究[J]. 通信学报, 2002, 23(10): 71-80.

[143]张学义, 林海英, 李殿璞, 等. 基于时空混沌同步的数字图像保密通信[J]. 通信学报, 2002, 23(9): 69-73.

[144]郑伟谋, 郝柏林. 实用符号动力学[M]. 上海: 上海科技教育出版社, 1995.

[145]George M, Antoniou, Ioannis. Cryptography with chaos[J]. Phys. Lett. A, 2012, 240(2): 50-54.

[146]Garacía P, Jiménez J. Communication through chaotic map systems[J]. Phys. Lett. A 2002, 298(10): 35-40.

[147]Stojanovski T, Ljupčo Kocarev L. Chaos-based random number generators-part I: analysis[J]. IEEE Transactions on CAS-I, 2001, 48(3): 208-228.

[148]Bernstein G M, Lieberman M A. Secure random number generation using chaotic circuits[J]. IEEE Trans. Circuits Syst., 1990, 37(2): 1157-1165.

[149]Kohda T, Tsuneda A. Statistics of chaotic binary sequences[J]. IEEE Trans. Inform. Theory, 1997, 43(1): 104-112.

[150]Menezes A, Oorschot P V, Vanstone S. Handbook of Applied Cryptography[M]. Boca Raton, FL: CRC, 1997.

[151]Stinson D. Cryptography: Theory and Practice[M]. Boca Raton, FL: CRC, 2002.

[152]Kocarev L, Sterjev M. Public-key encryption with chaos[J]. Chaos, 2004, 14(4): 1078-1082.

[153]Müller W R. Nöbauer R. Cryptanalysis of the Dickson-scheme[C]. Proceeding in Cryptology-EUROCRYPT' 85, Spring Scholer, 1986: 50-61.

[154]Rivest R L, Shamir A, Aleman L M. A method for obtaining digital signature and public-key cryptosystem[J]. Comm. ACM, 1978, 21(2): 120 -126.

[155]Müller W B, Nöbauer R. Some remarks on public-key cryptography[J]. Studia Scientiarum Mathematicarum. Hungarica, 1981, 16(2): 71-76.

[156]Nöbauer R. Cryptanalysis of a public-key cryptosystem based on Dickson polynomials[J]. Math. Slovaca, 1988, 38(7): 309-323.

[157]Smith P. LUC public-key encryption[J]. Dr Bobb' s Journal, 1993, 18(1): 44-49.

[158]Dickson L E. The analytic representation of substitution of substitution on a power of a prime number of letter with a discussion of the linear group[J]. Ann of math, 1986, 11(1): 65-120.

[159]Sun Q, Zhang Q F, Peng G H. A new algorithm on the Dickson polynomial $g_e(x,1)$ public key cryptosystem[J]. Journal of Sichuan University (Natural Science Edition), 2002, 39(2): 18-23.

[160]Chen X S, Tang Y M. New public-key system replace the LUC system[J]. Journal of Communications, 2007, 27(3): 124-128.

[161]Lidl R, Mullen G L, Turnwald G. Dickson Polynomials, Pitman Monogr[M]. Surveys Pure Appl. Math., Longman, 1993.

[162]Brawley J V, Schnibben G E. Polynomials which permute the matrices over a field[J]. Linear Alg. Appl., 1987, 86(3): 145-160.

[163]Lausch H, Nöbauer W. Algebra of Polynomials[M]. North Holland, Amsterdam, 1973.

[164]Diffie W, Hellman M E. New directions in cryptography[J]. IEEE Transactions on Information Theory, 1876, 22(11): 644-654.

[165]Wong K W. A combined chaotic cryptographic scheme and hashing scheme[J]. Physics Letter A, 2003, 307(10): 292-

298.

[166]Xiao D, Liao X F, Deng S J. One-way hash function construction based on the chaotic map with changeable-parameter[J]. Chaos, Solitons & Fractals, 2005, 24(2): 65-71.

[167]Han S, Chang E. Chaotic map based key agreement with/out clock synchronization[J]. Chaos, Solition and Fractals, 2009, 39(3): 1283-1289.

[168]Xiao D, Liao X F, Deng S J. Using time-stamp to improved the security of a chaotic maps-based key agreement protocol[J]. Information Sciences, 2008, 178(6): 1598-1602.

[169]Kocarev L. Chaos-based cryptography: A brief overview[J]. IEEE Circuits Mag., 2001, 1(3): 6-21.

[170]Bergamo P, D' Arco P, Santis A D, et al. Security of pulbic-key cryptosystems based on chebyshev polynomials[J]. IEEE Tran. On Circuits and System-1, 2005, 52(7): 1382-1392.

[171]Maze G. Algebraic Method for Constructing on Way Trapdoor Function[D]. Notre Dram: University of Notre Dame, 2003.

[172]Yoshimur T, Kohda T. Jacobian elliptic chebyshey rational map[J]. Physical D., 2001, 148(3): 242-254.

[173]王大虎, 魏学业, 李庆九, 等. 基于 Chebyshev 多项式的公钥加密和密钥交换方案的改进[J]. 铁道学报, 2006, 28(5): 95-98.

[174]Kohda T, Fujisaki H. Jacobian elliptic Chebyshev rational maps[J]. Physica D, 2001, 148(3): 242-254.

[175]王大虎. 非线性理论在保密通信中的应用研究[D]. 北京: 北京交通大学, 2006.

[176]卢铁成. 信息加密技术[M], 成都: 四川科学技术出版社, 1989.